ABHANDLUNGEN DER SÄCHSISCHEN AKADEMIE
DER WISSENSCHAFTEN ZU LEIPZIG

Mathematisch-naturwissenschaftliche Klasse
Band 57 · Heft 3

Umweltgestaltung in der Bergbaulandschaft

Herausgegeben von

CHRISTIAN HÄNSEL

AKADEMIE VERLAG

ABHANDLUNGEN DER SÄCHSISCHEN AKADEMIE
DER WISSENSCHAFTEN ZU LEIPZIG

Mathematisch-naturwissenschaftliche Klasse

Band 51

Heft 1 **Beiträge zur Chemie und Technologie der Brennstoffe**
Gedenkschrift für Prof. Dr. techn. habil. ANTON LISSNER
Herausgegeben von Prof. Dr.-Ing. Dr. Ing. eh. ERICH RAMMLER
1971. 146 Seiten – 1 Titelbild – 57 Textabbildungen, davon 6 auf 3 Tafeln – 35 Tabellen – 4°

Heft 2 Dr. GÜNTER HERRMANN, **Beiträge zur Bestimmung von Schwefeldioxid in der Atmosphäre und Herstellung von Schwefeldioxid-Luft-Gemischen**
1971. 179 Seiten – 74 Abbildungen, davon 13 auf 10 Kunstdrucktafeln – 41 Tabellen – 4°

Heft 3 Prof. Dr. med. GEORG MERREM, **Die parasagittalen Meningiome**
Zum Gedächtnis des Begründers der deutschen Neurochirurgie Prof. Dr. FEDOR KRAUSE 1857–1937
1971. 38 Seiten – 20 Abbildungen – 1 Tabelle – 4°

Heft 4 Prof. Dr. MAXIMILIAN KLINKOWSKI, **Epidemien und Pandemien pflanzenpathogener Krankheitserreger in ihrer Beziehung zum Menschen**
1971. 54 Seiten – 41 Abbildungen – 4 Tabellen – 4°

Heft 5 Prof. Dr. GUSTAV E. R. SCHULZE und Dr. PETER PAUFLER, **Die plastische Verformung „spröder" intermetallischer Verbindungen und ihre Elementarprozesse**
1972. 24 Seiten – 14 Abbildungen – 11 Tabellen – 4°

Band 52

Heft 1 Prof. Dr. KURT MOTHES, **Über sekundäre Pflanzenstoffe**
1972. 29 Seiten – 18 Abbildungen – 4°

Heft 2 Prof. Dr. DIETRICH UHLMANN, **Störungen des biologischen Gleichgewichts in Gewässern**
1973. 17 Seiten – 16 Abbildungen – 4°

Heft 3 FELIX LAMPADIUS, **Beitrag zum Nachweis der Wertminderung des Waldes als Folge von Immissionseinwirkung**
1974. 27 Seiten – 4 Abbildungen – 8 Tabellen – 4°

Heft 4 Dr. MANFRED KLOSE, **Beiträge zur D- und V-Struktur von Wasser und speziellen wäßrigen Elektrolytlösungen**
1974. 63 Seiten – 22 Abbildungen – 21 Tabellen – 4°

Heft 5 Prof. Dr. med. HORST HANSON, **Eiweißumsatz und Differenzierungsvorgänge tierischer Zellen**
1974. 26 Seiten – 13 Abbildungen – 9 Tabellen –4°

Band 58

Heft 1 **3. Internationales Symposium über Probleme der Passivität von Metallen**
(Technische Universität Dresden, 29.–31. 5. 1975)
1979. 171 Seiten – 150 Abbildungen, davon 26 auf 10 Tafeln – 27 Tabellen – 4°

ABHANDLUNGEN DER SÄCHSISCHEN AKADEMIE
DER WISSENSCHAFTEN ZU LEIPZIG

Mathematisch-naturwissenschaftliche Klasse
Band 57 · Heft 3

Umweltgestaltung in der Bergbaulandschaft

Herausgegeben von CHRISTIAN HÄNSEL

Mit 26 Abbildungen und 7 Tabellen

AKADEMIE VERLAG

Ergebnisse einer Tagung der Kommission für spezielle Umweltprobleme der Sächsischen Akademie der Wissenschaften zu Leipzig vom 5.—8. Juli 1989 in Großsteinberg bei Leipzig

Manuskript vorgelegt in der Sitzung am 9. Februar 1990
Manuskript eingereicht am 24. April 1990
Druckfertig erklärt am 2. 8. 1991

Herausgeber:
Prof. Dr. Christian Hänsel, Leipzig

Lektorat: Dipl.-Met. Heide Deutscher

Die Deutsche Bibliothek – CIP-Einheitsaufnahme

Umweltgestaltung in der Bergbaulandschaft : mit 7 Tabellen ; [Ergebnisse einer Tagung der Kommission für Spezielle Umweltprobleme der Sächsischen Akademie der Wissenschaften zu Leipzig vom 5. – 8. Juli 1989 in Grosssteinberg bei Leipzig]. – Berlin : Akad.-Verl., 1991
(Abhandlungen der Sächsischen Akademie der Wissenschaften zu Leipzig, Mathematisch-Naturwissenschaftliche Klasse ; Bd. 57, H. 3)
ISBN 3-05-501291-7
NE: Hänsel, Christian [Hrsg.]; Sächsische Akademie der Wissenschaften ⟨Leipzig⟩ / Kommission für Spezielle Umweltprobleme; Sächsische Akademie der Wissenschaften ⟨Leipzig⟩ / Mathematisch-Naturwissenschaftliche Klasse: Abhandlungen der Sächsischen ...

ISBN 3-05-501291-7
ISSN 0365-6470

Erschienen in der Akademie Verlag GmbH, O-1086 Berlin (Federal Republic of Germany), Leipziger Str. 3—4

Gedruckt auf säurefreiem Papier

Gesamtherstellung: Druckhaus Köthen GmbH

Printed in the Federal Republic of Germany

VORWORT

Die Kommission für spezielle Umweltprobleme der Sächsischen Akademie der Wissenschaften zu Leipzig veranstaltete vom 5. bis 8. Juni 1989 in Großsteinberg bei Leipzig eine Tagung zum Thema „Umweltgestaltung in der Bergbaulandschaft". Diese Veranstaltung wurde inhaltlich von der Arbeitsgruppe „Territoriale Umweltforschung" in enger Verbindung mit ihrem Praxispartner, dem Rat des Bezirkes Leipzig, hauptsächlich vertreten durch die Abteilung Umweltschutz/Wasserwirtschaft, vorbereitet. Sie war im Sinne einer Arbeitstagung mit begrenztem Teilnehmerkreis (60 Teilnehmer) auf einen Erfahrungsaustausch und auf Problemdiskussionen zwischen Fachleuten der wissenschaftlichen Vorlaufforschung, der territorialen Planung und Leitung und der Realisierung ausgerichtet.

In vier Themenkomplexen,

— Landeskultur und territoriale Planung,
— naturwissenschaftliche und bergbauliche Grundlagen,
— Aspekte einer optimalen Nutzung der Bergbaufolgelandschaft,
— Überwachung des Umweltzustandes,

wurde auf der Grundlage von Vorträgen und Postern intensiv über geeignete Formen und Methoden der landschaftlichen Neugestaltung diskutiert. Drei Vortragstage wurden durch eine ganztägige Exkursion in die Bergbaulandschaft südlich von Leipzig ergänzt. Die Zielsetzung dieser Exkursion bestand darin,

— die Beziehungen zwischen den natürlichen Voraussetzungen und den landschaftsverändernden Eingriffen des Bergbaus zu zeigen,
— den Einfluß des Bergbaus auf die territoriale Gesamtsituation zu erläutern und
— die Möglichkeiten zur Gestaltung und Nutzung der Bergbaufolgelandschaft und die damit gekoppelten Probleme zu veranschaulichen.

Die Tagung lieferte durch anregenden und kritischen Meinungsstreit vielfältige Ansatzpunkte für die erforderliche Vorlaufforschung und bewies nachdrücklich die Notwendigkeit interdisziplinärer Zusammenarbeit in der Forschung wie der Praxis der Landschaftsgestaltung. Die Veranstaltung fand noch unter den wirtschaftlichen und politischen Bedingungen zentralistischer Staatsmacht statt, deren überzogene Vertraulichkeitsvorgaben einen kritischen Dialog behinderten. Trotz dieser Hemmnisse schöpften die Tagungsteilnehmer ihre Handlungsmöglichkeiten weitestgehend aus. Dennoch sind in den vorliegenden Beiträgen gelegentliche Zurückhaltungen nicht zu übersehen. Der Veranstalter erachtet es auch angesichts dieser Einengungen für nützlich, mit dem vorliegenden Heft einen Teil der Vorträge und Poster zu veröffentlichen.

Leipzig, im März 1990

OM Chr. Hänsel
Leiter d. Kommission
f. spez. Umweltprobleme
d. SAW

INHALT

I. Landeskultur und territoriale Planung

BERGBAU UND BERGBAUFOLGELANDSCHAFT IM BEZIRK LEIPZIG

ROLAND HOLZAPFEL

Industrie und Bevölkerung in unserem Lande müssen sicher mit Energie versorgt werden, dabei ist es unerläßlich, die Braunkohlenförderung und den Energieverbrauch zu senken. Das in den letzten Jahrzehnten praktizierte Autarkiestreben, verbunden mit Wissenschaftsfeindlichkeit auf dem Gebiet der gesamten Energiewirtschaft, muß schnellstens überwunden werden.

Die Energiepolitik unseres Landes im Herzen Europas muß künftig unbedingt auf die internationale Arbeitsteilung bauen. Autarke Lösungen sind weder aus ökonomischen noch aus ökologischen Gründen langfristig effektiv. Die differenzierten Naturbedingungen, die bisherigen Ergebnisse der Nutzung verschiedenster Energieträger in den angrenzenden Staaten und nicht zuletzt die aktuellen politischen Bedingungen in Europa erlauben, neue Denkansätze zu finden.

Diese Tatsachen haben dazu gezwungen, den Text des ursprünglichen Vortrages im Sinne der Öffnung des Gedankengutes zu überdenken, zu überarbeiten und zu bewerten.

1. Bisherige bergbauliche Entwicklung im Bezirk Leipzig

Aufbauend auf dem Grundsatz der „zielstrebigen Verwirklichung unserer ökonomischen Strategie" wurden im Bezirk Leipzig alle nur möglichen Braunkohlenressourcen in eine Abbauplanung einbezogen. Bedingt durch das Alter der Braunkohlenverarbeitungsanlagen und die nicht realisierten Rekonstruktionen entwickelte sich der Bergbauraum und die Großstadtregion Leipzig zu dem am stärksten belasteten Gebiet der DDR.

Unter dem Begriff Kohle- und Energiewirtschaft fassen wir die Gesamtheit der Kombinate, Betriebe und Einrichtungen des Bereiches Kohle und Energie des Ministeriums für Schwerindustrie zusammen. Von den 220000 Beschäftigten dieses Ministeriums sind z. Z. rund 53900 im Bezirk Leipzig tätig (etwa 23%). Die Wirtschaftsorganisation der Kohle- und Energiewirtschaft hat sich in den vergangenen Jahrzehnten auf der Basis von drei entscheidenden Faktoren entwickelt:

a) umfangreiche günstig gewinnbare und absetzbare Braunkohlenvorkommen;
b) das hohe Beharrungsvermögen der zum überwiegenden Teil bereits in der 1. Hälfte dieses Jahrhunderts errichteten Braunkohlenverarbeitungskapazitäten;
c) der enge Kontakt zu den Wissenschafts- und Forschungskapazitäten und zu den Kapazitäten der metallverarbeitenden Industrie des Ballungszentrums Leipzig.

Die günstigen Entwicklungsbedingungen führten dazu, daß der Bezirk Leipzig bisher folgenden Anteil an den Leistungen der Energiewirtschaft der DDR hatte:

22% der Rohbraunkohleförderung
35% der Braunkohlenbriketterzeugung
14% der installierten Kraftwerkskapazitäten
80—90% der karbochemischen Produktion.

Nach dem Bezirk Cottbus ist der Bezirk Leipzig der zweite Kohle- und Energieproduzent der DDR.

Mit der Stillegung der karbochemischen Produktion Ende 1991 verringert sich der Rohkohlebedarf um 12 bis 14 Mio t pro Jahr.

Die Braunkohlenlagerstätten des Bezirkes Leipzig entstanden im Westen und Norden des Bezirkes vor 20 bis 60 Millionen Jahren im Tertiär. Ihr Alter und damit auch ihre Qualität nimmt tendenziell von Norden nach Süden zu. Nach gegenwärtigem Kenntnisstand besitzt die DDR nachgewiesene Braunkohlenvorräte von etwa 20 Mrd. t.

Die Anfänge des Braunkohlenbergbaues gehen im Bezirk Leipzig auf das Jahr 1672 zurück. In dem genannten Jahr begann der Braunkohlenabbau in der Pingeschen Grube bei Meuselwitz. Der Braunkohlenabbau erfolgte in den nächsten 200 Jahren ausschließlich in Form von kleineren Schürfungen im Raum zwischen Altenburg, Meuselwitz, Lucka und Borna zur örtlichen Versorgung der Haushalte und Handwerksbetriebe.

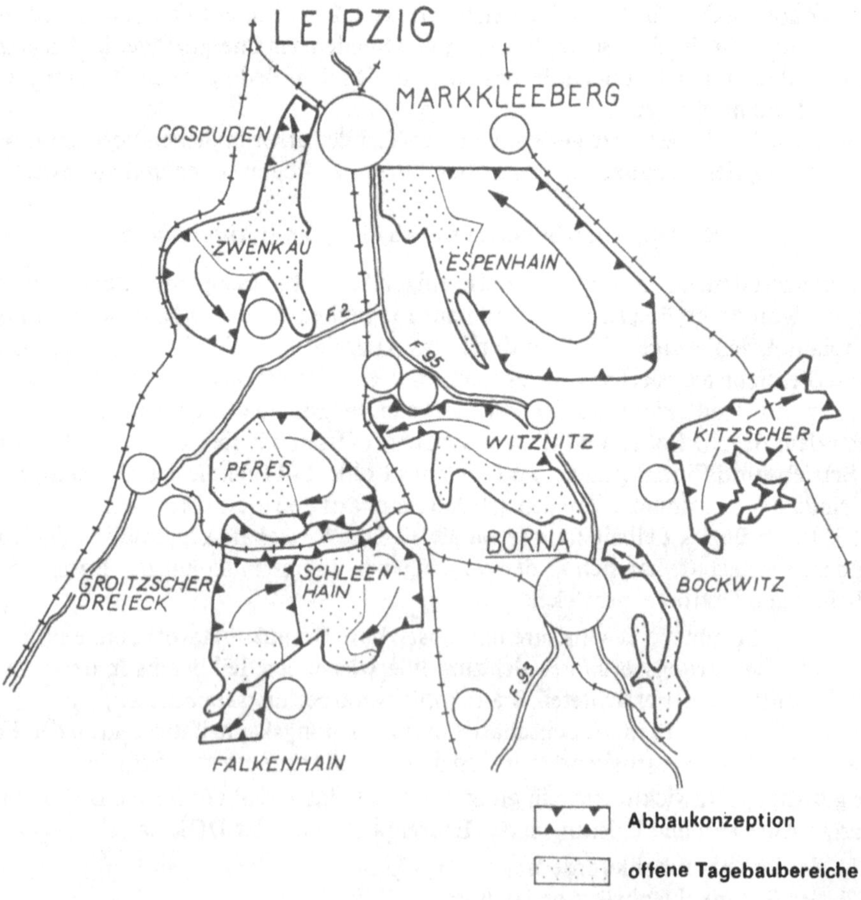

Abb. 1. Bergbauliche Entwicklung im Raum zwischen Leipzig und Altenburg. Präzisierungen in einzelnen Abbaustätten werden im Zusammenhang mit dem zu erarbeitenden neuen Energiekonzept erwartet.

Abb. 2. Bergbauliche Entwicklung im Raum zwischen Leipzig und Delitzsch. Präzisierungen und Reduzierungen der Abbaufelder erfolgen im Zusammenhang mit der Erarbeitung des neuen Energiekonzeptes.

Mit der Erfindung der Brikettierung und dem Übergang zur Tiefbautechnologie wurden um 1870 die Voraussetzungen zum großräumigen Absatz der Kohle und zur wesentlichen Leistungssteigerung der Kohleförderung geschaffen. Die Tagebautechnologie ermöglichte ab 1920 den entscheidenden Leistungssprung der Kohleförderung. Der Kohlebedarfsanstieg wurde zu dieser Zeit vorrangig durch die sich neu entwickelnde Karbochemie, einen damals wesentlichen Faktor der imperialistischen Aufrüstungspolitik, am Standort Böhlen und später auch Espenhain ausgelöst. Die beiden noch heute bedeutendsten Tagebaue des Bezirkes Leipzig, Zwenkau und Espenhain, wurden 1923 bzw. 1939 aufgeschlossen. Die beiden letzten Braunkohlentiefbaue wurden in Großräda (Kreis Altenburg) 1958 und in Dölitz (Stadt Leipzig) 1959 stillgelegt.

Die Jahre bis 1969/70 bewirkten im Raum zwischen Leipzig und Altenburg einen weiteren Leistungsanstieg der Braunkohlenindustrie und der Veredlungsbetriebe. Die Tagebaue Schleenhain, Kulkwitz, Peres, Borna-Ost und Witznitz wurden aufgeschlossen. Die leistungsstarken Brikettfabriken Regis (2,2 Mio t/a) und Großzössen II (1,0 Mio t/a) und die Industriekraftwerke Borna (100 MW) und „DSF“ Mumsdorf (100 MW) wurden errichtet.

Im Zeitraum 1965/72 wurden die beiden größten Kraftwerke des Bezirkes Leipzig, Thierbach (840 MW) und Lippendorf (600 MW), gebaut. Durch diese Entwicklung ist im traditionellen Förderraum zwischen Leipzig und Altenburg ein hocheffektives System zwischen Kohleförderung und Kohleveredlung der ersten Verarbeitungsstufe entstanden. Pro Jahr werden in diesem Raum zur Zeit etwa 60 Mio t Rohbraunkohle in 8 Tagebauen gefördert und

— in der Karbochemie (VEB Braunkohlenveredlung Espenhain) veredelt,
— in 12 Brikettfabriken der Braunkohlenwerke Borna und Regis sowie
— in den Kraftwerken
— und Heizwerken eingesetzt (Abb. 1).

Im Raum nördlich von Leipzig wurde 1972 mit dem Aufschluß von Tagebauen begonnen. 1981 konnte der erste Tagebau in diesem Gebiet, der Tagebau Delitzsch-Südwest, mit einer Kapazität von etwa 10 Mio t/a in Betrieb genommen werden. Der Tagebau Breitenfeld nahm seine Förderung im November 1986 auf. Am Tagebauaufschluß Rösa wird zur Zeit gearbeitet, er fördert seit 1987 Kohle.

Infolge der Bedarfsreduzierung, der mangelnden Ökonomie und der unvertretbaren ökologischen Auswirkungen wird diese Abbaustätte bereits 1995/96 die Förderung vor der Ortslage Sausedlitz wieder einstellen (Abb. 2).

2. Beziehungsgefüge Bergbau — Territorium

Die Entwicklung der Kohle- und Energiewirtschaft beeinflußt den Natur- und Lebensraum in den Bergbaugebieten sowie den Ressourcenhaushalt des Bezirkes in außerordentlichem Maße. Die ständige Gewährleistung der territorialen Voraussetzungen und Bedingungen für die stabile Entwicklung der Kohle- undEnergiewirtschaft im Territorium, bei gleichzeitiger Sicherung der planmäßig-proportionalen wirtschaftlichen und sozialen Entwicklung des Bezirkes und der weiteren Gestaltung der normalen Lebensbedingungen in den Bergbaugebieten, ist trotz großer Anstrengungen in dieser Komplexheit in der Vergangenheit nicht erreicht worden.

In den letzten 20 Jahren wurden als Grundlage für die Arbeit an den Problemen des Bergbaues in den Territorien umfangreiche spezifische Rechtsvorschriften verabschiedet. Besondere Bedeutung haben dafür:

— das Berggesetz der DDR vom 12. Mai 1969 einschließlich Durchführungsverordnungen und Anordnungen [1];
— das Landeskulturgesetz vom 14. Mai 1970 einschließlich Durchführungsverordnungen und Anordnungen [2];
— die Bodennutzungsverordnung vom 14. April 1981 einschließlich Durchführungsverordnungen und Anordnungen [3];
— die Verordnung über die Planung, Vorbereitung und Durchführung von Folgeinvestitionen [4].

Auf dieser Grundlage hat der Rat des Bezirkes Leipzig spezifische Beschlüsse und Regelungen zur Einordnung der Entwicklung der Kohle- und Energiewirtschaft in das Territorium des Bezirkes gefaßt.

Die territorialen Voraussetzungen für die Kohle und Energieproduktion werden im wesentlichen durch die langfristig-konzeptionelle Vorbereitung der Einordnung der Schwerpunktvorhaben geschaffen.

Die langfristig-konzeptionelle Vorbereitung der Vorhaben durch das Büro für Bergbauangelegenheiten beginnt mit der territoralen Abstimmung der Braunkohlenerkundungsarbeiten und der Vorbereitung der Festsetzung von Bergbauschutzgebieten auf der Grundlage des Berggesetzes.

Zur Erkundung der Braunkohlenlagerstätten werden im Bezirk Leipzig pro Jahr etwa 250 Bohrungen, zum Teil gleichzeitig als Pegelbohrung zur Grundwasserbeobachtung, abgeteuft und etwa 30 Schürfe für geophysikalische (seismische) Erkundungsarbeiten angelegt.

Auf der Grundlage der Erkundungsergebnisse beantragt die Braunkohlenindustrie die Festsetzung von Bergbauschutzgebieten. Zur Zeit sind im Bezirk Leipzig Bergbauschutzgebiete für Braunkohlenlagerstätten mit einer Gesamtfläche von 600 km^2 durch den Bezirkstag festgesetzt. Das sind 12% der Bezirksfläche. Im Zusammenhang mit der Neubewertung der Lagerstätten hinsichtlich eines ökologisch vertretbaren Abbaues wird es zu einer Reduzierung des Umfanges der Schutzgebiete kommen.

Seit 1969 wird in den Bergbauschutzgebieten eine solche Investitionspolitik betrieben, die sowohl die Entwicklung der Lebensbedingungen ermöglicht als auch volkswirtschaftliche Verluste verhindert. Die Entscheidungen dazu treffen die zuständigen örtlichen Staatsorgane in Abhängigkeit vom Wertumfang, von der möglichen Nutzungsdauer und von der sozial-politischen Bedeutung für das Gebiet. Nach Festsetzung des Bergbauschutzgebietes werden Vorstellungen zur Gestaltung der Bergbaufolgelandschaft erarbeitet und mit der eigentlichen Investitionsvorbereitung begonnen. Am Beginn steht dabei die Standortvariantenuntersuchung.

Haupttendenzen zur Sicherung der planmäßig proportionalen Entwicklung der Kohle- und Energiewirtschaft sowie aller anderen Bereiche im Bezirk waren bisher:

— die planmäßige Grundfondsreproduktion der historisch gewachsenen Produktionssubstanz der verarbeitenden Industrie, insbesondere in der Stadt Leipzig,
— die gesonderte Planung der Bergbaufolgeinvestitionen,
— Intensivierung der landwirtschaftlichen Produktion zum Ausgleich der bergbaubedingten Produktionsausfälle,
— die künftige Bebauung von Kippengelände.

3. Bergbaufolgeinvestitionen

Durch den Tagebaubetrieb werden Bergbaufolgemaßnahmen in den verschiedensten Bereichen der Wirtschaft ausgelöst. Einen besonderen Schwerpunkt bildet dabei der Eingriff in die vorhandene Siedlungsstruktur durch die Aussiedlung von Ortslagen. Weiterhin ist die Verlagerung von vorhandenen Produktionsanlagen bzw. von Anlagen der sozialen und technischen Infrastruktur erforderlich.

Für die Vorbereitung und Realisierung der Bergbaufolgemaßnahmen sind die jeweils fachlich zuständigen Investitionsauftraggeber verantwortlich [5]. Zur termingerechten Planung der erforderlichen Ersatzinvestitionen wurden und werden durch das Büro für Bergbauangelegenheiten für Tagebauaufschlüsse und Tagebauweiterführungen Standortangebote des Rates des Bezirkes erarbeitet und Standortbestätigungen bzw. Standortgenehmigungen vorbereitet.

Standortangebote wurden fertiggestellt für die Tagebaue Groitzscher Dreieck, Delitzsch-Südwest, Hatzfeld, Breitenfeld, Cospuden, Bockwitz und für die Weiterführung der Tagebaue Espenhain, Zwenkau, Peres, Rösa und Witznitz II sowie für den Ersatz des Stahl- und Hartgußwerkes Bösdorf am Standort Knautnaundorf.

Die in den Standortangeboten ausgewiesenen Lösungen und Ansatzpunkte zur Aussiedlung von Ortschaften, zur Verlegung und Neutrassierung von Anlagen der technischen Infrastruktur, zum Ersatz von Anlagen der sozialen Infrastruktur und zur Verlegung von Produktionsanlagen sowie zum Ersatz von Erholungsobjekten, zur Gestaltung der Bergbaufolgelandschaft und zu den landeskulturellen Maßnahmen versuchen, ausgehend von dem jeweiligen Erkenntnisstand, eine optimale territoriale Einordnung der Vorhaben zu gewährleisten. Dabei wurden Möglichkeiten einer territorialen Rationalisierung, d. h. die Koordinierung verschiedener gleichartiger Vorhaben, auch die der Kommunen, umfassend geprüft und zur Realisierung vorgeschlagen. Alle territorialen Erfordernisse, die durch die Tagebauaufschlüsse bzw. Tagebauweiterführung bedingt sind, werden auch in den durch das Büro für Bergbauangelegenheiten vorzubereitenden Standortbestätigungen und -genehmigungen weiter präzisiert.

Im Zeitraum seit 1987 wurden insgesamt 9 Orts- und Teilortsaussiedlungen vorbereitet und durchgeführt. Es handelt sich um die Ortslagen Seelhausen (Kreis Delitzsch), Sausedlitz (Kreis Delitzsch), Schladitz (Kreis Delitzsch), Dreiskau-Muckern (Kreis Borna), Breunsdorf (Kreis Borna), Bockwitz (Kreis Borna) und Teile der Orte Lindenthal (Kreis Leipzig), Lippendorf (Kreis Borna) und Böhlen (Kreis Borna).

Infolge Veränderung der Energiekonzeption wurde inzwischen die Ortsverlegung Sausedlitz gestoppt. Die noch nicht Ausgesiedelten, rund 60% der ehemaligen Einwohner, werden gemeinsam und mit staatlicher Unterstützung den Ort wieder funktionsfähig aufbauen.

Während mit den Ortsaussiedlungen im Zeitraum von 1981—1985 vorrangig städtisch geprägte Siedlungssubstanz in Anspruch genommen wurde, die die Bereitstellung von Ersatzwohnungen an den Standorten des komplexen Wohnungsbaues rechtfertigte, so wird sich im Zeitraum ab 1987 die Notwendigkeit des Ersatzwohnungsbaues in den ländlichen Siedlungszentren wesentlich erhöhen, da alle auszusiedelnden Ortslagen dörflichen Charakter haben.

Tendenz der Strukturveränderung

Kohleersatzwohnungsbau als	1981—85	1986—90
komplexer Wohnungsbau	89%	55%
landwirtschaftlicher und kreislicher Wohnungsbau (dezentral)	10%	35%
Eigenheime	1%	10%

Die Aussiedlung der Ortslagen erfolgt jeweils auf der Grundlage der von den zuständigen Räten der Kreise beschlossenen Konzeptionen. Durch die Arbeitsgruppen Bergbau werden die Ortsaussiedlungen vorbereitet und durchgeführt.

Dabei werden die betroffenen Bürger und Betriebe einbezogen. Zur Unterstützung der von der bergbaulichen Entwicklung betroffenen Bürger wurden durch das Büro für Bergbauangelegenheiten 1986 Regelungen zur komplexen Wahrnehmung der Verantwortung der örtlichen Staatsorgane zur Vorbereitung und Durchführung der bergbaulichen Inanspruchnahme von Siedlungen im Bezirk Leipzig für den Rat des Bezirkes zur Beschlußfassung vorbereitet und vom Rat des Bezirkes beschlossen [6]. Alle Planungen sahen eine zeitliche Einordnung so vor, daß eine Behinderung der bergbaulichen Tätigkeit eigentlich in keiner Phase eintreten kann. Die erforderlichen Kohleersatzmaßnahmen wurden bezüglich der langfristigen Vorbereitung und Sicherung der Realisierung in die Kreisentwicklungskonzeptionen der Kreise Leipzig, Delitzsch und Borna eingeordnet. Bedingt durch die immer stärkere Zentralisierung der Planung und den Leistungsrückgang des Bauwesens kam es insbesondere 1989 und 1990 zu unüberwindbaren Vorbereitungsmängeln, so daß einige Orte aus der Abbauplanung genommen wurden (Wolteritz, Lemsel, Sausedlitz), bzw. kam es zu Verzögerungen in der geplanten und bereits begonnenen Aussiedlung bei verschiedenen Orten, die für die Bürger zu eigentlich unzumutbaren Lebensverhältnissen führten (Werbelin, Breunsdorf).

Die wichtigsten Bergbaufolgemaßnahmen 1986—1990 im infrastrukturellen Bereich im Bezirk Leipzig sind:

- Verlegung des Lober-Leine-Kanals
- Verlegung der Schlammtrockungsanlage Podelwitz
- Verlegung der F 184 (Raum Rackwitz), F 176 (Raum Bockwitz)
- Ersatz von Fernmeldekabeln im Raum Delitzsch
- landwirtschaftliche Intensivierungs- und Ersatzmaßnahmen
- Trassenverlegungen in den Korridoren um die Tagebaue Bockwitz und Breitenfeld
- Ersatz von Anlagen der Wasserwirtschaft im Bereich des Tagebaues Cospuden
- Abschluß der Maßnahmen zum Ersatz der Erholungsobjekte im Raum Cospuden (Ersatz für das Waldbad Lauer, den ehemals geplanten Harthsee, für verlorengehende Auewaldsubstanz).

4. Umweltschutz

Durch die Bereiche Kohle/Energie und Chemie wurden im Betrachtungsraum als typisches Ergebnis einer extensiven ökologieschädigenden Wirtschaftspolitik Verhältnisse geschaffen, die eine auch nur geringe Lebensqualität in diesem Raum zur Farce macht. Insbesondere die extraktive Industrie erzeugt eine Situation, bei der die Wasser- und Luftverunreinigungsnormen bei allen Werten um ein Vielfaches überschritten werden. Hinzu kommt, daß durch die radikal autarke Energiepolitik nicht direkt meßbare Schäden entstanden sind (Landschaftsveränderung, Beeinträchtigung von Lebensqualität durch verminderte Erholungsmöglichkeiten, Schadstoffbelastungen und ihre Wirkung auf Gesundheit und Lebenserwartung u. a. m.), die Jahrzehnte für eine positive Korrektur benötigen.

Diese unzumutbaren Verhältnisse haben in letzter Zeit zu der Festlegung geführt, daß die gesamte karbochemische Produktion der DDR (zu rund 90% im Raum Leipzig konzentriert) bis Ende 1991 stillgelegt werden muß. Auch überalterte Brikettfabriken der beiden Braunkohlenwerke Borna und Regis werden, beginnend noch in diesem Jahr, außer Betrieb genommen.

Die bisher in den Brikettfabriken, Kraftwerken (insbesondere den Industriekraftwerken) und auch den Schwelereien für den Umweltschutz getätigten Investitionen umfaßten nur einen Bruchteil des eigentlich Notwendigen. Verbesserungen der Situation wurden dadurch spürbar nicht erreicht. Durch die Ablösung hochwertiger Energieträger durch Rohbraunkohle in den 80er Jahren in allen Sphären trat eine deutlich spürbare Verschlechterung der Luftsituation, insbesondere in der Großstadtregion Leipzig, ein.

Die wirklich spürbare Verbesserung der Wasserqualität der Pleiße wurde und wird vorrangig durch den Bau der biologischen Abwasserreinigungsanlagen in Böhlen (1970/73) und Espenhain erreicht. Die Inbetriebnahme der 1. Stufe der Biologie Espenhain im Jahr 1983 war dabei eine wesentliche Etappe.

5. Bergbaufolgelandschaft

5.1. Grundsätze zur Gestaltung

Die Gewinnung der Ressource Braunkohle ist gleichzeitig mit tiefgreifenden Umweltveränderungen verbunden. Durch den Aufschluß von Tagebauen werden die ursprünglich vorhandenen Landschafts- und Siedlungsgebiete völlig in Anspruch genommen. Das Landeskulturgesetz verpflichtet deshalb alle bodennutzenden Wirtschaftszweige zur sparsamsten Inanspruchnahme land- und forstwirtschaftlich genutzter Bodenflächen und zur planmäßigen Wiederurbarmachung devastierter und in Anspruch genommener Flächen.

Das Berggesetz legt dazu fest, daß diese Bodenflächen nach Beendigung der bergbaulichen Nutzung unverzüglich qualitätsgerecht und vorrangig für landwirtschaftliche und forstwirtschaftliche Zwecke nutzbar zu machen sind.

Auf der Grundlage des Landeskulturgesetzes und des Berggesetzes wurden durch das Büro für Territoralplanung in Zusammenarbeit mit dem Büro für Bergbauangelegenheiten Konzeptionen zur Gestaltung der Bergbaufolgelandschaft erarbeitet, die erstmalig 1974 für den Bergbauraum Borna und 1978 für den Bergbauraum Delitzsch durch den Rat des Bezirkes bestätigt wurden.

Mit diesen Konzeptionen werden, ausgehend von den allgemeinen Zielstellungen für diese Räume, das künftige Flächennutzungsverhältnis von land- und forstwirtschaftlicher Nutzung, die Folgenutzung der entstandenen Restlöcher als künftige Naherholungsgebiete oder als Deponieräume für Abprodukte festgelegt. Für die Gestaltung der Bergbaufolgelandschaft gelten in diesem Zusammenhang folgende Grundsätze:

— vorrangige Rückgabe landwirtschaftlicher Nutzfläche in höchstmöglicher Qualität als Grundlage der weiteren Intensivierung der landwirtschaftlichen Produktion;
— Minimierung der Restlöcher durch die Anlage von Unterflurkippen und die Verkippung von Aufschlußabraum aus den neuen Tagebauen in bestehende Restlöcher;
— Vermeidung von Überflurkippen;
— Aufforstung der Randgebiete der Stadtregion Leipzig und im Nahbereich anderer Städte sowie der Restlochböschungen und der Randflächen der Tagebaue zur Verbesserung des Erholungswertes der Landschaft und der ökologischen Situation;
— Flurholzanbau zum Schutz vor Winderosion und zur effektiven Landschaftsgestaltung;

— Anlegung von Zwischenrestlöchern zur rückwirkungsfreien Deponie von Abprodukten, insbesondere für die Unterbringung von Kraftwerksaschen und Kommunalmüll;
— Mehrfachnutzung der Restlöcher unter den Aspekten:
Hochwasserschutz
Trink- und Brauchwasserversorgung
Erholungsnutzung
Fischproduktion
Ersatz von devastierten Naturschutzgebieten.

Die Planung der Bergbaufolgelandschaft setzt bereits vor Beginn der bergbaulichen Nutzung mit der Festsetzung von Bergbauschutzgebieten, die durch den Bezirkstag erfolgt, ein. Bereits zu diesem Zeitpunkt wird durch das Büro für Bergbauangelegenheiten

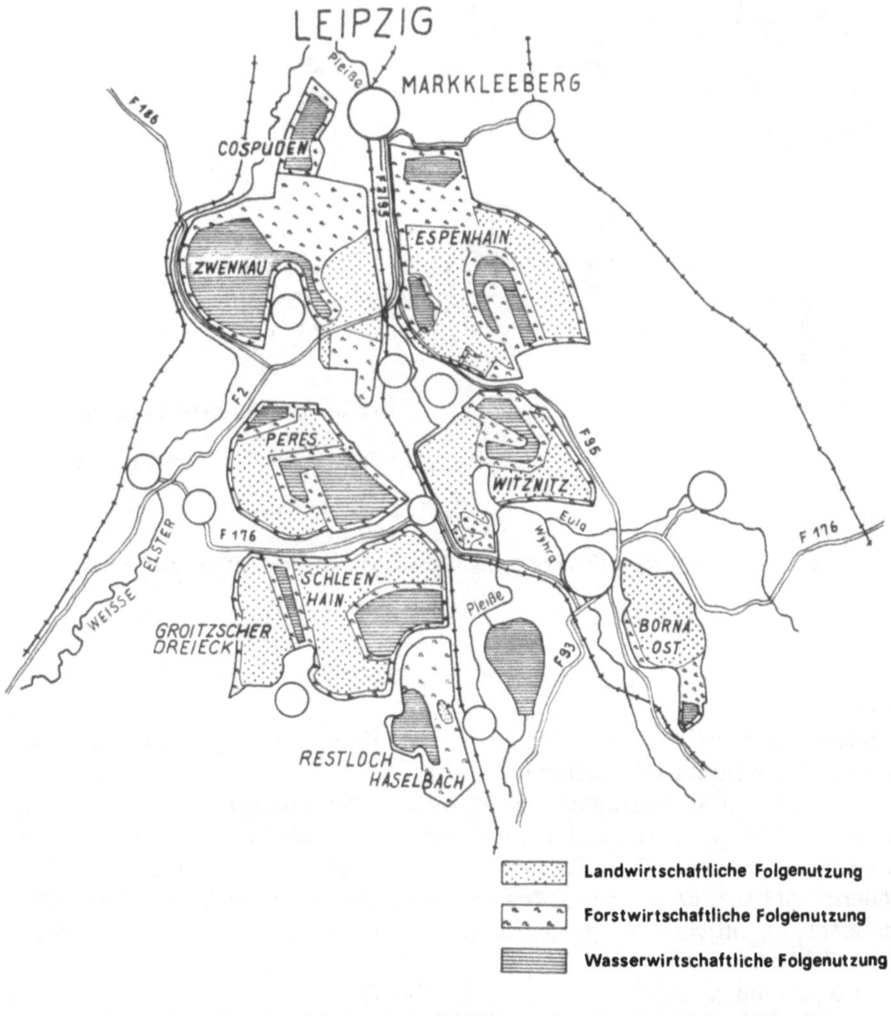

Abb. 3. Geplante Bergbaufolgelandschaft im Raum zwischen Leipzig und Altenburg

Abb. 4. Geplante Bergbaufolgelandschaft im Raum zwischen Leipzig und Delitzsch

entsprechend den territorialen Erfordernissen die Hauptrichtung der künftigen landeskulturellen Entwicklung mitbestimmt.

Die vorliegenden Konzeptionen und grafischen Darstellungen zur Entwicklung der Bergbaufolgelandschaft bis zum Jahr 2030 (vgl. Abb. 3 und 4) werden in Zeiträumen von 5 bis 7 Jahren entsprechend der Festsetzung neuer Bergbauschutzgebiete oder auf Grund veränderter Abbaukonzeptionen präzisiert. Diese Überarbeitung wird auf alle Fälle im Zusammenhang mit den Festlegungen zum neuen Energiekonzept in den nächsten zwei Jahren erforderlich.

Die Konzeptionen zur Gestaltung der Bergbaufolgelandschaft bilden entsprechend ihren Grundsätzen die Grundlage für die Wiedernutzbarmachung der Bergbauflächen.

Folgende Arbeitsteilung hat sich bewährt:

Wiedernutzbarmachung

1. Etappe	2. Etappe
Wiederurbarmachung	Rekultivierung
Bergbau ← verantwortlich	→ künftiger Nutzer (Hier Landwirtschaft)

Methode

gesonderter Auftrag einer 1 bis 2 m mächtigen Kulturbodenschicht mittels Tagebaugroßgeräten (Absetzer)	Regulierung der Bodenreaktion mineralische Düngung, organische Düngung Bodenbearbeitung Pflanzenwahl: Anbau nach wissenschaftlicher Fruchtfolge

Aufwand

etwa 20 TM/ha	bis 10 TM/ha
Forderungen an den Bergbau hohe Qualität der Flächen ebene Flächen, Bau von Zufahrten Bau von Hauptwirtschaftswegen und Vorflutern, evtl. Grundmelioration, Garantieleistungen	*Forderungen an den Nutzer* volle Bodenfruchtbarkeit nach 14 Wirtschaftsjahren

5.2. Flächenentwicklung

Der Abbau von Rohbraunkohle im Bezirk Leipzig erforderte seit seinem Beginn folgende Flächenveränderungen:

Flächenbilanz des Braunkohlenbergbaus seit Beginn der Förderung (ha)

bis 1987	Entzug	Rückgabe	%
landwirtschaftliche Nutzfläche	21750	7450	34
forstwirtschaftliche Nutzfläche	3060	3910	128
sonstige Nutzfläche	1700	1680	100
Gesamt	26510	13040	49

Gegenwärtig nimmt der Braunkohlenbergbau zur Absicherung seiner Produktionsaufgaben jährlich zwischen 700 ha und 900 ha im Bezirk Leipzig in Anspruch und gibt jährlich zwischen 400 ha und 600 ha wieder an die Folgenutzer zurück (siehe auch Abb. 5). Beson-

	bis 1983				bis 1990				bis 2000				bis 2030			
	LN	FN	SN	Σ	LN	FN	SN	Σ	LN	FN	SN	Σ	LN	FN	SN	Σ
			dar. WN				dar. WN				dar. WN				dar. WN	
Entzug	19400	2900	1500 50	23800	23800	3350	1900 150	29050	30130	3770	2590 150	36490	52160	5790	6270 200	64220
Rückgabe	6850	3450	1550 700	12750	8650	4900	2000 700	15550	12670	6400	3120 19`0	22190	36380	9890	11100	57370

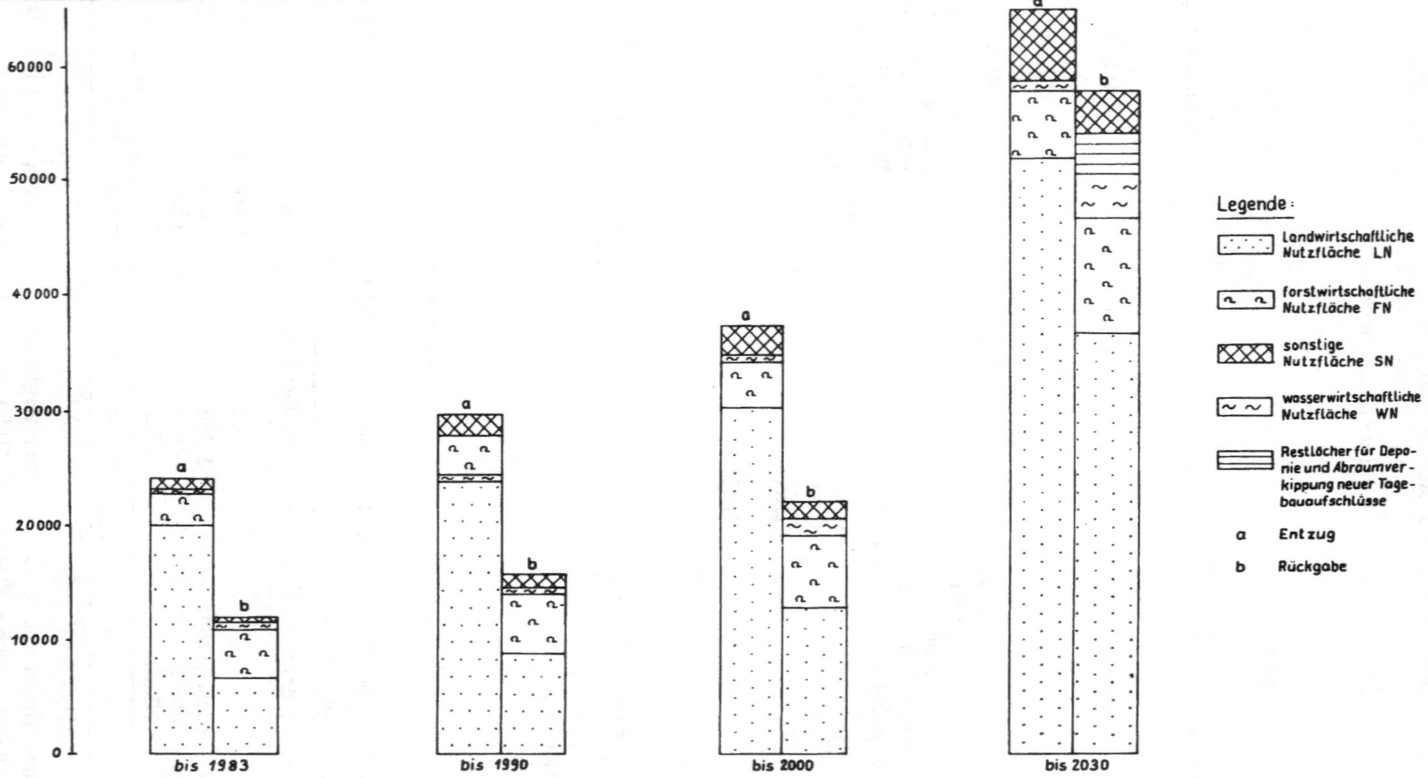

Abb. 5. Entwicklung der Flächeninanspruchnahme und Flächenrückgabe durch den Braunkohlenbergbau im Bezirk Leipzig (ha), Planung 1989

ders den Betrieben der Landwirtschaft in den Kreisen Altenburg, Borna und Delitzsch werden auch zukünftig hochwertige Böden entzogen.

Ebenfalls werden potentielle Erholungsgebiete vom Braunkohlenabbau berührt. Das Waldbad an der Lauer, der südliche Auewald und die ehemalige Harth sollen an dieser Stelle nur als Beispiel angeführt werden. Die Auswirkungen des hohen Flächenentzuges im Bezirk gilt es durch eine maximale Flächenrückgabe bei einer optimalen Wiederurbarmachungsqualität zu kompensieren.

Die Wiederurbarmachung der nicht mehr benötigten Flächen erfolgt auf gesetzlicher Grundlage. Diese verpflichtet den Abbaubetrieb, Flächen termin-, qualitäts- und lagegerecht für eine Folgenutzung wieder urbar zu machen und die Erschließung mit Hauptwirtschaftswegen zu sichern.

In den jährlich durchzuführenden territorialen Planabstimmungen unter Leitung des Büros für Bergbauangelegenheiten bei der Bezirksplankommission erfolgt unter Einbeziehung der Fachorgane des Rates des Bezirkes, der Räte der Kreise und von ausgewählten Folgenutzern die Bestätigung der Flächenbilanzen und der Jahrespläne der Braunkohlenwerke. In diesem Gremium wird beraten, wie eine hohe Flächenrückgabe und Steigerung der Qualität von Kippenböden möglich ist.

Seit 1984 verfügt der Bezirk Leipzig auf Initiative des Büros für Bergbauangelegenheiten und des Fachorgans Land-, Forst- und Nahrungsgüterwirtschaft des Rates des Bezirkes über eine abgestimmte Wiederurbarmachungskonzeption bis zum Jahr 2000. Dort sind Flächenentzüge, Flächenrückgaben und die Qualität der Kippenböden verbindlich festgelegt. Die Erreichung einer hohen Qualität von Rückgabeflächen an Betriebe der Land- und Forstwirtschaft bereitet gegenwärtig immer noch in einigen Tagebauen Probleme, da einerseits hohe Zielstellungen in der Rohkohleförderung und anderseits gezielte Verkippung bester Böden für eine Nachnutzung nur schwer in der Technologie eines Tagebaues vereinbar sind.

Als Schwerpunkt für die Weiterarbeit hat sich das Büro für Bergbauangelegenheiten bei der Bezirksplankommission die Aufgabe gestellt, die weitere Verbesserung der Qualität von Kippenböden in Schwerpunkttagebauen zu forcieren.

5.3. Folgenutzungen

Durch die Ausdehnung des Braunkohlenbergbaues besteht im Bezirk Leipzig die Möglichkeit, eine Bergbaufolgelandschaft zu schaffen, die den Interessen der Bürger des Territoriums entsprechen kann. So zwingt die ökologische Situation dazu, bevorzugt Waldflächen um die Bezirksstadt und Kreisstädte zu schaffen und das Defizit an Naherholungsflächen zu reduzieren.

Im Territorium zwischen Leipzig und Altenburg befinden sich gegenwärtig die meisten wieder urbar gemachten Kippen, die vorzugsweise einer land- und forstwirtschaftlichen Nutzung unterliegen. In der Südregion der Bezirksstadt erfolgte bis 1989 als Ersatz für die ehemalige Harth bereits eine Aufforstung von 600 ha. Bis zum Jahr 2000 soll sich der Waldbestand in dieser Gegend auf 1700 ha erhöhen. Weitere Waldgebiete entstehen im Bereich der zukünftigen Naherholungsgebiete Borna-Ost und Haselbach.

Der Schaffung von Naherholungsobjekten in ehemaligen Tagebaurestlöchern wird große Bedeutung zugemessen. Wie ein funktionierendes Naherholungsgebiet Attraktivität ausstrahlen kann, vermittelt eindrucksvoll der Kulkwitzer See, der aus einem ehemaligen Restloch entstanden ist, und der Ausbau des Restloches des ehemaligen Tagebaues Haselbach (Kreis Altenburg und Borna), das von der Bevölkerung ab den 90er Jahren genutzt werden kann. Bis zu diesem Zeitraum sind jedoch noch große Aufwendungen durch den Braunkohlenbergbau erforderlich, ehe das erste Wasser in das Restloch fließen kann.

Das Büro für Bergbauangelegenheiten übernimmt in diesem Zusammenhang wichtige koordinierende Funktionen in Zusammenarbeit mit den Räten der Kreise, dem Büro für Territorialplanung und der Abteilung Erholungswesen des Rates des Bezirkes.

Im Rahmen der Planung und Realisierung der Bergbaufolgelandschaft im Bezirk Leipzig spielt die Schaffung von landwirtschaftlichen Rückgabeflächen eine große Rolle. Bedingt durch den hohen Entzug landwirtschaftlicher Produktionsflächen durch den Braunkohlenbergbau wächst zugleich die Bedeutung der Herstellung von Kippenböden mit einer hohen Qualität an kulturfähigen Substraten. Auf dieser Grundlage gelingt es den landwirtschaftlichen Folgenutzern, nach einer Rekultivierungszeit von etwa 15 Jahren an die Erträge vor der Inanspruchnahme anzuknüpfen. Stellt jedoch der Bergbau nur Kippen mit einer ungenügenden Qualität zur Verfügung, treten starke Setzungen auf der Kippe und dadurch großflächige Vernässungen auf, ist der Folgenutzer nur schwerlich in der Lage, effektiv zu produzieren.

Hervorragende Bedingungen existieren im Tagebau Profen, wo in einem Sonderbetrieb fruchtbare Lößböden auf die Oberfläche der Kippe aufgetragen wurden. Aber auch auf sandigen Lehmböden auf den Kippen der Tagebaue Espenhain und Schleenhain findet der landwirtschaftliche Folgenutzer gute Produktionsbedingungen vor.

Der Prozeß der Schüttung von wieder urbar zu machenden Flächen im Rahmen der Bergbaufolgelandschaft kann nicht dem Selbstlauf überlassen werden. Dem Büro für Bergbauangelegenheiten obliegt als staatliches Organ die Kontrolle über den gesamten Prozeß. Hier arbeitet das Büro eng mit dem Folgenutzer und den verantwortlichen Fachorganen der Räte der Kreise und des Rates des Bezirkes zusammen. In den Arbeitsgruppen Wiederurbarmachung der einzelnen Tagebaue werden vor Ort und operativ Fragen der Steuerung der Qualität der Schüttung beraten und Diskussionen mit den Kumpeln geführt. Nicht immer können Fragen und Probleme gelöst werden. Oftmals ist ein langer Kampf erforderlich, bis die Vorstellungen des Territoriums Berücksichtigung finden.

6. Ausblick

Nach gegenwärtigen Berechnungen [7] reichen die Weltvorräte an Kohle bei gleicher Verbrauchsrate noch rund 3000 (!) Jahre. Unter Beachtung der Probleme bei deren Verwertung muß die rationelle Energieanwendung die maßgebende Seite unserer Energiepolitik sein. Ein niedriger Energieverbrauch ist der beste Weg zu einer stabilen Zukunft. Es wird notwendig sein, innerhalb der nächsten 50 Jahre das gleiche Niveau an Energieleistungen mit nur der Hälfte der gegenwärtig verbrauchten Primärenergie zu erzielen.

Noch ist es Zeit genug, Programme für stabile Formen erneuerbarer Energien zu erarbeiten und so den Übergang zu einer stabilen und gesicherten Energieära zu beginnen. Unter diesen Gesichtspunkten werden sich der Braunkohlenbergbau im wesentlich reduzierten Umfang und seine Folgelandschaft in der DDR und im Bezirk Leipzig planmäßig und zum Wohle der Menschen entwickeln.

Dabei werden folgende Fragen künftig zu klären sein:

— Ausgleich der Interessengegensätze zwischen hochproduktiver Landwirtschaft, Bergbau und Siedlungsentwicklung;
— Regelung der Bodennutzungsgebühr als wirkliche Produktionsabgabe; Aufhebung der ausschließlichen Begrenzung der Abgabe auf landwirtschaftliche Nutzflächen (andere Flächen gelten als Grundfonds und werden nicht bewertet!);
— Berechnung der echten Aufwendungen zur Erhaltung und Wiederherstellung der natürlichen Umwelt;
— beim Braunkohlenpreis Berechnung und Beachtung der Aufwendungen des vorsorgenden Umweltschutzes für künftige Generationen;
— Verbesserung der Tagebaubewirtschaftung mit dem Ziel, die Flächenrückgabe zu beschleunigen und beeinträchtigte Landschaft beschleunigt wiederherzustellen.

Die Lösung dieser Aufgaben bedingt ein völliges Umdenken bei der Gewinnung der Ressource Rohbraunkohle.

Literatur

[1] Berggesetz der DDR vom 12. Mai 1969 (GBl. I Nr. 5, S. 29).
[2] Gesetz über die planmäßige Gestaltung der sozialistischen Landeskultur der DDR — Landeskulturgesetz vom 14. Mai 1970 (GBl. I Nr. 12, S. 67).
[3] Verordnung zum Schutz des land- und forstwirtschaftlichen Bodens und zur Sicherung der sozialistischen Bodennutzung — Bodennutzungsverordnung vom 26. Februar 1981 (GBl. I Nr. 10, S. 105).
[4] Verordnung über die Vorbereitung und Durchführung von Investitionen vom 30. 11. 1988 (GBl. I Nr. 26, S. 287).
[5] Festlegungen zur praktischen Umsetzung des Beschlusses des Präsidiums des Ministerrates der DDR vom 21. 1. 1986, Beschluß des Rates des Bezirkes Leipzig vom 18. 4. 1986.
[6] Komplexe Wahrnehmung der Verantwortung der örtlichen Staatsorgane zur Vorbereitung und Durchführung der bergbaulichen Inanspruchnahme von Siedlungen im Bezirk Leipzig, Beschluß des Rates des Bezirkes vom 19. 12. 1986.
[7] Unsere gemeinsame Zukunft. Bericht der Weltkommission für Umwelt und Entwicklung, Staatsverlag der DDR, Berlin 1988.

Dr. agr. ROLAND HOLZAPFEL
Regierungspräsidium Leipzig
Büro für Bergbauangelegenheiten
Karl-Liebknecht-Straße 145
O-7030 Leipzig

LANDSCHAFTSÖKOLOGISCHE ASPEKTE DER BERGBAUFOLGELANDSCHAFT

Gottfried Schnurrbusch

Im Ergebnis jahrzehntelanger Erfahrungen bei der Wiedernutzbarmachung von durch den Braunkohlentagebau devastierten Landschaften kann die DDR auf zahlreiche gute Beispiele verweisen. Sie erstrecken sich von der systematischen Vorfelderkundung mit der Kennzeichnung der Eignung der Deckgebirgssubstrate für die Wiederurbarmachung und Folgenutzung über die produktive Nutzung des bei der Vorfeldentwässerung anfallenden Grundwassers für die Trinkwasserversorgung, der selektiven Gewinnung von Begleitrohstoffen, einer gelenkten Abraumförderung bis zur planmäßig nach gesellschaftlichen Erfordernissen gestalteten Bergbaufolgelandschaft. Zur einheitlichen Leitung und Kontrolle dieses Prozesses wurden nicht nur umfassende gesetzliche Regelungen getroffen, sondern auch die entsprechenden personellen und institutionellen Voraussetzungen geschaffen (siehe den Vortrag Holzapfel). Durch sie wird gleichzeitig gesichert, daß die im Prozeß der Gestaltung von Bergbaufolgelandschaften entstehenden materiellen und finanziellen Mehraufwendungen nicht von den Nutzern aufgebracht werden müssen.

Auch für die objektive Bewertung der Qualität der wieder urbar gemachten Flächen wurden Kriterien entwickelt, die zunehmend zur Anwendung gelangen und hoffentlich bald eine bessere Übereinstimmung zwischen erreichbaren Bodenqualitäten entsprechend den bodengeologischen Gutachten und den tatsächlich realisierten bewirken.

Schließlich stehen erprobte Verfahren der land- und forstwirtschaftlichen Rekultivierung zur Verfügung, mit deren Hilfe gute Ertrags- und Wuchsleistungen und nach etwa 2 Anbaurotationen ein relativ stabiles Bodenfruchtbarkeitsniveau erreicht werden.

So ist es erklärlich, daß Teile von Bergbaufolgelandschaften, die bereits mehrere Jahrzehnte existieren, sich nicht mehr als solche erkennen lassen. Hier zeigt sich der Erfolg in der Normalität.

Es wäre jedoch leichtfertig, vom optischen Eindruck ausgehend, anzunehmen, daß 20 oder 30 Jahre in Rekultivierung befindliche Flächen in jeder Weise dem gewachsenen Boden gleichrangig wären. Während die Einstellung des gewünschten Nährstoff- und Reaktionsniveaus i. allg. relativ schnell gelingt, ist dies hinsichtlich der für ein stabiles Wachstum erforderlichen biologischen und physikalischen Parameter nicht möglich. Auch die floristische und faunistische Wiederbesiedlung erfolgt im Vergleich zur Ertragsentwicklung zeitlich verzögert, wobei sich zunächst artenarme Pflanzen- und Tiergesellschaften einstellen.

Um die Wiederbesiedlung der Bergbaufolgelandschaft mit möglichst zahlreichen und besonders mit förderungswürdigen Pflanzen- und Tierarten zu unterstützen und zu beschleunigen, gilt es, ebenso planmäßig, wie dies bei der Realisierung land-, forst- und wasserwirtschaftlich zu rekultivierender Flächen geschieht, schon im Planungsprozeß, Biotope nach Art, Lage, Größe und Verteilung auszuweisen und sie bereits in der Wiederurbarmachungsphase zu schaffen. Dafür bietet sich die Chance, eine in Qualität und Quantität habitatreichere Landschaft zu schaffen, als sie vormals bestand.

Die Möglichkeiten, hierbei bekannte und neuartige ökotechnische Verfahren anzuwenden, sind ungleich größer und vielfältiger als in der gewachsenen Kulturlandschaft, deren Nutzungsartenverteilung und Infrastruktur weniger Freiräume für derartige Aktivitäten bietet.

Die gegenwärtige Praxis der Ausweisung und Entwicklung von Biotopen in der Bergbaufolgelandschaft ist vielfach noch dadurch gekennzeichnet, daß insbesondere Hohlformen und sekundär vernäßte Dellen, im Sackungsprozeß entstanden, nicht als Bergschaden behandelt und reguliert werden, sondern für die Belange des Naturschutzes bereitgestellt werden.

Sieht man davon ab, daß durch diese Verfahrensweise in bestimmten Fällen äußerst aufwendige Nacharbeiten in Form von Planierungen und/oder Erdstofftransporten umgangen werden, kann diese Form der Biotopentwicklung aus verschiedenen Gründen keine auf Dauer befriedigende Lösung sein. Die als Ergebnis von Sackungen entstehenden Naßflächen sind in ihrer Lage nicht vorausbestimmbar. Ihre Form und Größe läßt sich dagegen nachträglich in bestimmten Grenzen verändern. Entscheidend bleibt jedoch ihre Lage, die sie bei der vielfach gegebenen Dominanz landwirtschaftlicher Rekultivierungsflächen zu einem mehr oder weniger stark wirkenden Bewirtschaftungshindernis werden läßt. Bedenklich erscheint, daß innerhalb von landwirtschaftlichen Rekultivierungsflächen gelegene Biotope, unabhängig von ihrer Entstehungsweise, in jedem Falle einem starken Eutophierungsdruck ausgesetzt sind, wobei die i. allg. für Bergbaufolgelandschaften spezifischen Immissionsbedingungen diese Situation verschärfen. Dadurch ist für die sich bildenden jungen Ökosysteme ein beschleunigter Sukzessionsverlauf und der Trend zu nitrophilen Pflanzengesellschaften typisch. Wassergefüllte Hohlformen neigen zu starker Verkrautung und sind dadurch in ihrem Sauerstoffhaushalt instabil. Höhere Pflegeaufwendungen sind dadurch unausbleiblich.

Deshalb ist es unerläßlich, die Entwicklung arten- und individuenreicher Bergbaufolgelandschaften in analoger Weise wie die Rekultivierung leistungsstarker land- und forstwirtschaftlicher Rekultivierungsflächen systematisch zu betreiben. Dazu sind Größe, Art, Lage und spezifische Eigenschaften des Substrates wie die vorgesehene Oberflächengestaltung möglichst exakt vorzugeben, damit bereits im Prozeß der Tagebauprojektierung und im Betriebsregime die Zielvorgabe weitgehend erreicht wird. — Warum soll das fast schon legendäre Wort von OTTO RINDT „Gelenkte Bodenbewegung ist doppelter Nutzen“ nur für die Gestaltung von Erholungsräumen Gültigkeit haben? Seine Richtigkeit wird sich auch bei der Gestaltung von Lebensräumen schützenswerter Pflanzen- und Tiergemeinschaften bestätigen.

Zur Realisierung dieser Forderungen sind klare Zielvorgaben eine wichtige Voraussetzung, wobei bereits die Frage nach dem künftigen Flächenanteil von NSG/FND einschließlich ökologisch bedeutsamer Bereiche innerhalb der Bergbaufolgelandschaft nicht einfach zu beantworten ist.

Zwei Gesichtspunkte sind dabei m. E. maßgeblich. Zum einen befinden sich die wieder urbar gemachten Flächen der Bergbaufolgelandschaft unmittelbar nach der Schüttung in einer Initialphase der Wiederbesiedlung, deren Erfolg und Ablauf vom Vorhandensein potentieller Lebensräume in Größe, Menge und Güte entscheidend bestimmt wird.

Ausgehend von populationsökologisch begründeten Forderungen sind nach den Prinzipien des Biotopverbundsystems miteinander vernetzte Verbundsysteme zu planen und zu projektieren. Was in der gewachsenen Kulturlandschaft immer wieder angestrebt, aber praktisch nie vollkommen erreicht wird, sollte in der Bergbaufolgelandschaft besser realisierbar sein. Desgleichen bieten sich in der zunächst von infrastrukturellen Anlagen weitgehend „freien“ Bergbaufolgelandschaft bessere Möglichkeiten für die räumliche Aggregation mehrerer Landschaftselemente, die sich dabei ökologisch aufwerten. Solche Kombinationen können aus Stand- und Fließgewässern in Verbindung mit Grasland- und Gehölzstreifen bestehen, wobei letztere wiederum sehr vielgestaltig aufgebaut werden können. Der Vorteil derartiger Landschaftselement-Kombinationen liegt nicht allein in ihrer sturkturellen Vielfalt und der davon mitbestimmten ökologischen Qualität. Vielmehr wachsen mit der Kombination der Landschaftselemente auch die räumlichen Dimensionen der dadurch gebildeten Biotope und damit ihre Stabilität gegenüber äußeren Stör- und Belastungsfaktoren.

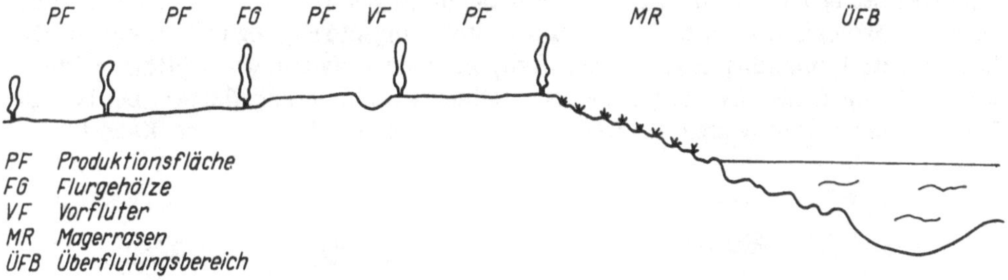

Abb. 1. Querprofil eines Ausschnittes einer Bergbaufolgelandschaft

Ein weiterer Vorteil großräumig angelegter, im Biotopverband gestalteter Systeme besteht darin, daß die nicht allein für gehölzbestockte Flächen notwendigen Pflegeeingriffe und -maßnahmen zumindest teilmechanisiert erfolgen können. Allerdings muß festgestellt werden, daß im Vergleich zu den bekannten Maßnahmen und Verfahren zur Herstellung von Biotopen ein deutlicher Rückstand hinsichtlich anzuwendender Pflegemaßnahmen und -verfahren besteht. Die Entwicklung ökotechnischer Verfahren darf sich daher nicht ausschließlich auf die Anlage und Gestaltung neuer Biotope erstrecken, sondern muß als gleichrangiges Ziel ihre Pflege und Erhaltung einschließen.

Wenn auf diese Weise den Belangen des Naturschutzes in der Bergbaufolgelandschaft gegenüber den Produktionsflächen eine gleichrangige Rolle eingeräumt wird, müssen auch die daraus resultierenden Flächenansprüche akzeptiert werden.

Wenn das Ziel einer vielgestaltigen Bergbaufolgelandschaft realistisch bleiben soll, sollte m. E. für die Belange der Biotopgestaltung ein genügend großer Flächenanteil bereitgestellt werden. Auch wenn diesbezügliche Vergleiche immer mit der notwendigen Distanz zu betrachten sind, zumal auch das Niveau der Unterschutzstellung unterschiedlich ist, dürfte beachtenswert sein, daß der Anteil geschützter Gebiete im Jahre 1985 in Nordamerika 8,1%, in Südamerika 6,1%, in Afrika 6,5% und in Asien (außerhalb der UdSSR) sowie Australien jeweils 4,3% betrug. Es dürfte daher nicht unrealistisch sein, für komplex zu gestaltende Bergbaufolgelandschaften einen Anteil für Flächen mit Schutzstatus von $\geqq$ 3% zu fordern.

In Anbetracht des raschen Sukzessionsverlaufs sind zielorientierte Behandlungsrichtlinien ebenso dringlich wie die Erarbeitung geeigneter Ökotechniken. Ebenso wie für die unverritzte Kulturlandschaft gilt auch für die Bergbaufolgelandschaft, daß auch ein komplettes Netz von NSG/FND allein allen Schutzerfordernissen nicht zu entsprechen vermag.

Die Bewirtschaftung der land- und forstwirtschaftlich zu rekultivierenden Flächen innerhalb der Bergbaufolgelandschaft hat ebenso wie die Nutzung der Restlöcher nach ökologischen Prinzipien zu erfolgen. Ihre Realisierung hat bei der Nutzflächengestaltung zu beginnen. Durch die Ausformung geometrisch einfacher Schläge, vorrangig als langgestreckte Rechtecke in der Dimension zwischen 300 bis 700 m Länge und 200 und 500 m Breite ergeben sich einerseits gute Voraussetzungen für eine rationelle Bewirtschaftung, andererseits werden dadurch ausreichend lange Randzonen geschaffen, die im Zusammenwirken mit den Graben- und Wegesystemen viele Möglichkeiten der Saumgestaltung eröffnen. Durch die in ihrer Dimension begrenzten Schläge können die nachteiligen Druckbelastungen der landwirtschaftlichen Geräte eingeschränkt und dadurch die Entwicklung ökologisch stabiler Böden im Rekultivierungsprozeß begünstigt werden. Die konsequente Einhaltung fruchtbarkeitsfördernder Rekultivierungsfruchtfolgen ist ein weiteres Element zur Sicherung ökologisch stabiler Rekultivierungsflächen. Die betonte Bevorzugung humusmehrender Fruchtarten, insbesondere Luzerne und Klee, fördert

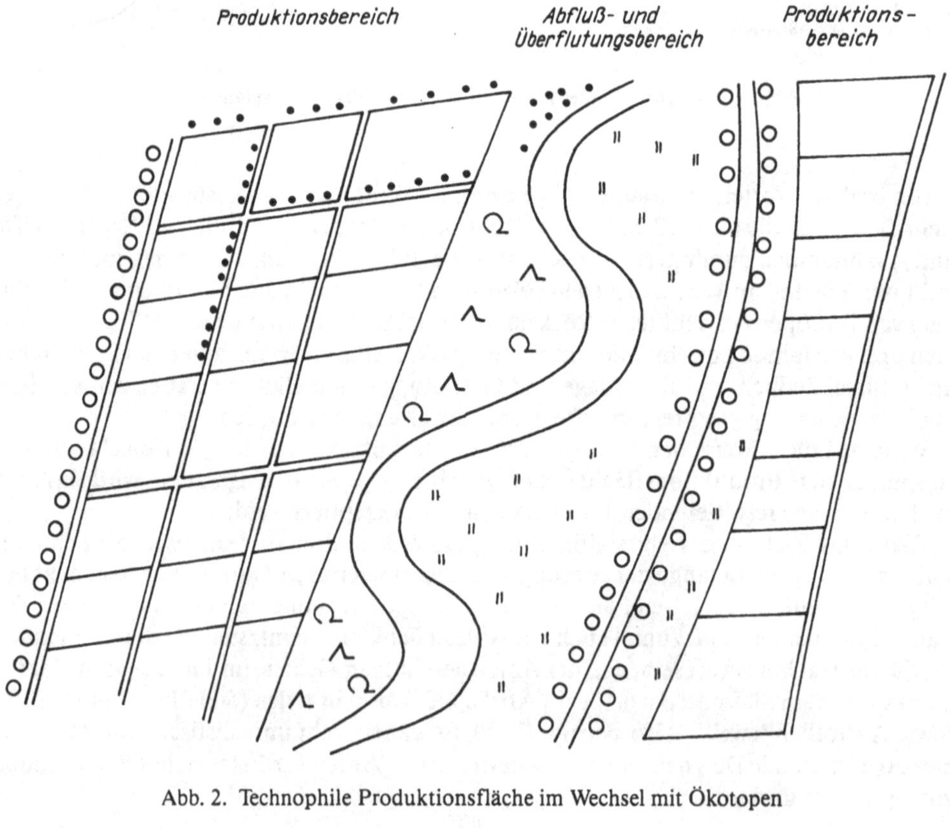

Abb. 2. Technophile Produktionsfläche im Wechsel mit Ökotopen

nicht allein die OBS-Anreicherung, das Bodenleben und die Strukturstabilität, sondern begünstigt auch den Trend eines sparsamen Einsatzes von PSM und MbP im Vergleich zu gemüse- und hackfruchtbetonten Fruchtfolgen.

Innerhalb der forstlichen Rekultivierungsflächen ist die Einsaat von Leguminosen, wie Ausdauernde Lupine und Bokhararklee, nicht nur ein bewährtes Verfahren zur Verbesserung der Wuchsleistungen der angebauten Forstkulturen, sondern ebenso zur Förderung der Artenvielfalt der Bodenlebewesen. Über die im Ausland z. T. angewandten Verfahren der Implantation von Teilen gewachsenen Bodens in natürlicher Zusammensetzung und ungestörtem Aufbau liegen in der DDR kaum Erfahrungen vor. Aufgrund der mit diesem Verfahren unvermeidlich verbundenen hohen technischen Aufwendungen dürfte es auch nur in Ausnahmefällen von Bedeutung sein.

Aussichtsreicher sind dagegen Verfahren der Umsetzung bzw. Wiederansiedlung und Einbürgerung von durch den Abbauprozeß existenzbedrohten Pflanzen- und Tierarten zu werten. Allerdings gilt auch hier die Feststellung, daß tierart- und pflanzenspezifische Behandlungsverfahren nur ansatzweise vorhanden sind. Wie im Falle der Habitaterhaltung und -pflege sind verstärkt die Anstrengungen zur Schließung dieser Erkenntnislücken zu erhöhen, um die Möglichkeiten des Artenschutzes während des rasant verlaufenden Abbauprozesses besser zu nutzen, als es gegenwärtig möglich ist.

Im Hinblick darauf, daß die großräumig abgebauten und verkippten Tagebaue noch Jahrzehnte nach ihrer Rekultivierung aus Sicherheitsgründen nur bedingt für die Realisierung von Hochbauten und anderen Anlagen der technischen Infrastruktur geeignet sind, wäre es vorteilhaft, ihre potentielle Eignung zur Wahrnehmung ökologischer Funktionen in stärkerem Maße nutzbar zu machen. Allerdings setzt eine solche Vorgehensweise die Bereitschaft voraus, bereits im Planungsprozeß beginnend, ausreichend Flächen mit der Vorrangfunktion Artenschutz bereitzustellen, zu gestalten und zu erhalten und des weiteren die Umlandnutzung nach einem ökologiegerechten Konzept zu bestreiten.

Dr. agr. Gottfried Schnurrbusch
Institut für Landschaftsforschung
und Naturschutz Halle
-Abteilung Dölzig-
Gundorfer Straße 5
O-7103 Dölzig

LANDSCHAFTSGESTALTUNG IM BEZIRK COTTBUS, DARGESTELLT AM BEISPIEL DES SENFTENBERGER SEES

Werner Pietsch

Die geplante Ausdehnung des Braunkohlenabbaus auf weitere, noch nicht erschlossene Gebiete des Territoriums des Bezirkes Cottbus erfordert eine optimale Gestaltung und Nutzung der vom Bergbau hinterlassenen terrestrischen und aquatischen Bereiche. Entstehung, Gestaltung und Nutzung des Senftenberger Sees als eine dieser Flächen wird im folgenden als Beispiel der Landschaftsgestaltung mit all seinen Problemen dargestellt.

1. Entstehung des Senftenberger Sees

Der Senftenberger See (Restloch 1161), aus dem ehemaligen Tagebau Niemtsch hervorgegangen, ist zur Zeit der größte Tagebausee der DDR mit einer Fläche von 9 km^2. Er wird als Speicher für die Wasserwirtschaft, zur Naherholung und zum Wassersport genutzt und beherbergt außerdem ein Naturschutzgebiet „Insel im Senftenberger See" von überregionaler Bedeutung.

Der etwa 1475 ha große Senftenberger See ist geologisch eine der jüngsten Bildungen der Niederlausitz. Er liegt im Lausitzer Urstromtal und entstand im Restloch des Tagebaues Niemtsch, das nach 26 Jahren Bergbautätigkeit zur Gewinnung der hier aufgeschlossenen miozänen Braunkohle am 15. November 1967 mit dem Oberflächenwasser der Schwarzen Elster geflutet wurde. Zum Flutungsbeginn existierten 4 Teilrestlöcher: Elsterfeld, Brückenfeld bzw. Ostfeld, Nordschlauch und Südfeld. Das Südfeld ist drei Jahre jünger als die anderen.Im April 1971 fand der Ausgleich der Wasserspiegel mit dem Südfeld statt.

Folgende Kennziffern charakterisieren den Senftenberger See:

Wasservolumen des Sees: 62 Mill. m^3
Größe der Wasserfläche: 1160 ha
Flächengröße: 9 km^2
maximale Wassertiefe: 28 bis 30 m
Umfang des Senftenberger Sees: etwa 20 km

Zur Minderung von Hochwassergefahren ist ein Hochwasserschutzraum von 18 Mill. m^3 eingerichtet, der eine Staulamelle von 1,5 bis 2,25 m bedingt. Die nutzbare Speicherlamelle beträgt 2,25 m.

Die im Südostteil des ehemaligen Tagebaues aufgekippten Abraummassen an pleistozänen und tertiären Deckschichten der Kohle bilden 2—21 Meter (im Mittel etwa 2 bis 8 m) über den heutigen Seespiegel herausragende, nur durch eine schmale Landbrücke im Süden verbundene Inselkerne mit teilweise stark bewegtem Mesorelief, teils steilen, teils strandartigen flach auslaufenden Ufern. Sie umschließen eine von Nordosten hineinragende, etwa 100 ha große Seebucht. Während das gemeinsame Südufer beider Inselkerne sowie die Ufer des westlichen Inselkernes in ihrem Verlauf zwar buchtig, auf ganzer Linie aber doch überschaubar sind, zeichnet sich das NW-Ufer des östlichen Inselteiles infolge Reliefbildung bei der Abraumschüttung durch Förderkippenbetrieb durch den steten Wechsel zahlreicher schmaler bis zu einem Kilometer langer Riegel und Wasserrinnen aus.

Morphogenetisch ist die Uferlinie des Senftenberger Sees und der Insel bis heute keineswegs stabilisiert. So finden an den wasserdurchtränkten sandigen Steilufern Staffelbrüche und Fließrutschungen statt als Folge thixotroper Bodensubstrate. Aus diesem Grunde ist auch das Betreten der Insel verboten.

2. Hydrologische Bedingungen

Die hydrologischen Bedingungen ergeben sich weitgehend aus den Lagerstättenbedingungen und dem Fortgang des Kohleabbaus der umliegenden Tagebaue.

Vor Beginn des Tagebauaufschlusses war das Gebiet des heutigen Senftenberger Sees teils Flußaue der Schwarzen Elster, teils grundwassernahe und sumpfige Niederung. Während des Kohleabbaues wurde zunächst das Grundwasser abgesenkt. Dabei entstanden durch Verwitterung des in den Begleitschichten der Kohle enthaltenen Schwefeleisens (Markasit und Pyrit) unter Beteiligung des Bodenwassers freie Mineralsäure, insbesondere Schwefelsäure, und teilweise lösliche, teils suspendierte Eisenverbindungen. Das nach Aufschluß der Kohlegewinnung wieder ansteigende Grundwasser nahm diese Stoffe auf und erlangte dadurch sehr hohe mineralsäurebedingte Aziditätswerte im extrem sauren Bereich (pH 2,3 bis 3,2) und einen sehr hohen Eisengehalt (120 bis 640 mg/l $Fe^{2+/3+}$).

Durch den stark wasserführenden, nicht verritzten Grundwasserleiter füllen sich die Restlöcher relativ schnell mit wieder ansteigendem Grundwasser und können durch ihre günstige Lage mit den Hochwässern der Schwarzen Elster geflutet werden. Das Grundwasser ist infolge der Auslaugung der pyrit- und markasithaltigen Bodenschichten stark sauer (pH = 2,3 bis 3,2) und weist eine Gesamthärte im „harten“ bis „extrem harten“ Bereich (25 bis 86 °dH) auf. Das Wasser der Schwarzen Elster weist dagegen oberhalb der Grubenwassereinleitung einen relativ hohen pH-Wert (7,2 bis 9,1) und eine geringere Gesamthärte im „mittelharten“ Bereich (10 bis 16 °dH) auf. Es kann günstig zur Neutralisation des aufsteigenden Grundwassers benutzt werden.

3. Hydrochemische Verhältnisse und ihre Veränderungen

In dem durch den Wiederanstieg des Grundwassers geschaffenen Wasserkörper liegen zunächst sehr extreme Verhältnisse vor. Der Chemismus der Tagebauseen wird von drei Vorgängen wesentlich beeinflußt:

- Verwitterungsprozesse im angrenzenden Uferbereich,
- Berührung mit Grundwasser,
- mikrobielle Prozesse, die unter Oxydation des Eisens zu Eisen(III)-hydroxid freie Schwefelsäure bilden.

Das Wasser ist zunächst extrem sauer (pH = 2,4 bis 3,2), durch das Vorhandensein freier Mineralsäure, insbesondere freier Schwefelsäure (3,8 bis 6,4 mval/l) bedingt. Es liegt ein hoher Gehalt an gelöstem 2wertigem Eisen (30 bis 180 mg/l Fe^{2+}) und an gelöster freier Kohlensäure mit ausgesprochen aggressiven Eigenschaften vor. Der hohe Sulfatgehalt (640 bis 1050 mg/l SO_4^{2-}) verursacht eine hohe Gesamthärte im „harten" bis „sehr harten" Bereich, die ausschließlich von Nichtkarbonathärte bestimmt wird. Es handelt sich um ein typisches Calciumsulfatgewässer vom bikarbonatfreien Typ. Calcium und Sulfat sind die jeweils vorherrschenden Ionen, die den Gesamtionengehalt dominierend bestimmen (60 bis 75 mval-% Ca^{2++} und 80 bis 92 mval-% SO_4^{2-}).

Es liegen fast sterile Wasserverhältnisse vor. Aufgrund der extremen Armut an Nährstoffen, insbesondere an C-, N- und P-Verbindungen, sowie an im Wasser gelöster organischer Substanz, die PV-Werte sind < 15 mg/l $KMnO_4$, ist der Wasserkörper als oligotroph, oligohumos und katharob bis oligosaprob anzusprechen (Pietsch 1973, 1979a, b).

Der Wasserkörper ist reich an Sauerstoff und weist zu Beginn seiner Entstehung in den Jahren 1970 bis 1974 eine hohe bis sehr hohe Sichttiefe von 4 bis 12 Metern auf. Der Senftenberger See durchläuft einen für alle Tagebaurestlöcher des Lausitzer Revieres typischen Metamorphose- bzw. Alterungsprozeß des Wasserkörpers und Gewässersedimentes. Dieser beginnt zunächst mit der Phase des Initalstadiums. In dieser erfolgt während der ersten 2 bis 3 Jahre noch eine Zunahme der bereits extremen Aziditätsverhältnisse aufgrund der Erhöhung des Gehaltes an freier Mineralsäure sowie eine Zunahme des Gehaltes an Eisen, Sulfat und des Gesamthärtegrades.

Eine Übersicht der hydrochemischen Situation im zeitlichen Verlauf der Jahre 1968 bis 1971 gibt Tab. 1. Im Verlaufe der folgenden Jahre, insbesondere seit 1973, spielt sich eine

Tabelle 1
Hydrochemische Situation im Wasserkörper des Senftenberger Sees während des Initial- und Frühstadiums der Jahre 1968 bis 1971

Hydrochemische Kenngrößen	1968 E	S	1969 E	S	1970 E	S	1971 E	S
pH-Wert	2,8	2,9	2,8	2,6	3,0	2,5	3,0	2,4
Gesamthärte mval/l	18,6	26,6	10,6	32,8	8,5	19,2	8,1	17,8
Mineralsäure incl. freie Schwefelsäure mval/l	3,8	2,4	3,1	3,2	2,3	5,8	2,1	7,6
freie Kohlensäure CO_2 mg/l	210	188	96	192	78	245	56	274
Gesamteisen $Fe^{2+/3+}$ mg/l	132,8	84,5	40,6	184,2	19,4	196,5	11,6	92,1
Sulfat SO_4^{2-} mg/l	940	725	875	910	690	940	620	980

E = Elsterbecken (Hauptbecken)
S = Südfeld in Nähe des BKK-Strandes

auffällige Veränderung der hydrochemischen Beschaffenheit als Folge stattfindender physiko-chemischer und biologischer Fällungs- und Löslichkeitsprozesse ab. Es handelt sich dabei um folgende vier wichtigste Prozesse:

— Der Vorgang der Abscheidung von Eisen(III)oxidhydrat als Niederschlag oder als Auflage führt zur Abnahme des Eisengehaltes aus dem Wasserkörper.

Tabelle 2
Hydrochemische Situation im Wasserkörper des Senftenberger Sees zur Zeit der Flutung während der Phase des Überganges vom Frühstadium zum Übergangsstadium (1972 bis 1978)

Hydrochemische Kenngrößen	1972 E	S	1973 E	S	1974 E	S	1978 E	S
pH-Wert	3,3	2,4	3,1	2,5	3,8	2,8	7,7	3,2
Mineralsäure incl. freie Schwefelsäure mval/l	0,98	2,86	1,2	1,8	0,16	1,85	0,0	1,25
freie Kohlensäure CO_2 mg/l	40,6	75,4	39,8	54,2	38,2	108,4	7,2	48,6
Gesamthärte °dH	36,2	48,6	29,4	35,2	27,4	29,8	17,6	35,2
gebundene Kohlensäure HCO_3^- mg/l	0,0	0,0	0,0	0,0	0,0	0,0	135,8	0,0
Calcium Ca^{++} mg/l	158	194	146	188	135	182	94,5	178
Magnesium Mg^{++} mg/l	25,1	23,6	25,8	24,3	22,8	26,2	21,3	23,8
Gesamteisen $Fe^{2+/3+}$ mg/l	8,8	35,6	6,3	24,8	2,4	16,8	0,48	12,4
Sulfat SO_4^{2-} mg/l	625	720	574	710	434	580	192	388
Chlorid Cl^- mg/l	54,8	63,2	38,6	48,4	49,6	49,8	78,8	74,6
Abdampfrückstand mg/l	988	1085	976	1 156	1 117	1 236	672	924

E = Elsterbecken (Hauptbecken)
S = Südfeld in Nähe des Badestrandes vom BKK

— Der Prozeß des Abbindens der freien Mineralsäure führt zur Veränderung des pH-Wertes aus dem extrem sauren in den sauren bis schwach sauren Bereich.
— Der Prozeß des Abbindens der freien Kohlensäure (CO_2) an den Eisenhydroxid-Niederschlag führt zur Verminderung des CO_2-Gehaltes und seiner aggressiven Eigenschaften.
— Der Vorgang der Sulfateliminierung führt durch Ausfällen als $CaSO_4$ aus dem Wasserkörper zu einer merklichen Abnahme des Sulfatgehaltes und somit der Gesamthärte.

Diese Vorgänge werden durch Analysendaten aus den Jahren 1972 bis 1978 in Tab. 2 veranschaulicht.

Der Geneseprozeß des Wasserkörpers des Senftenberger Sees wird seit 1973 durch die Flutung mit Elsterwasser rasant beschleunigt. Aus einem Gewässer des Initialstadiums ist bereits 1975 ein Gewässer der Frühstufe entstanden.

Wie aus dem Analysenmaterial ersichtlich, ist es besonders in dem Elsterbecken (Hauptbecken) zu einer auffälligen Abnahme der Aziditätsverhältnisse als Folge des Rückganges an freier Schwefelsäure und an freier Kohlensäure mit aggressiven Eigenschaften gekommen.

Die sich im Wasserkörper des Senftenberger Sees abspielenden Alterungsprozesse lassen sich in folgenden Ergebnissen zusammenfassen:

— Rückgang der Azidität aus dem extrem sauren in den schwach sauren Bereich,
— Abnahme und völliges Verschwinden der freien Mineralsäure aus dem Wasserkörper,
— Abnahme des Gehaltes an freier Kohlensäure (CO_2) und seiner aggressiven Eigenschaften,
— Abnahme des Gesamteisengehaltes aus dem Wasserkörper,
— Abnahme des Calcium- und Sulfatgehaltes,
— Abnahme der Gesamthärte und Verminderung des Anteils an Nichtkarbonathärte.

Allerdings lassen sich während dieses Zeitraumes bereits eine Zunahme an N- und P-Verbindungen im Wasserkörper sowie eine merkliche Abnahme der Sichttiefe auf Werte <4 m feststellen. In flachen Buchten kommt es während hochsommerlicher Temperaturen zur Ausbildung von Algenblüten, die auf eine erste Eutrophierung hindeuten.

Im Jahre 1977 erfolgte durch langanhaltende Zuführung von Elsterwasser bei gleichzeitiger intensiver Badetätigkeit (100000 Besucher und mehr an manchen Wochenenden) im Hauptbecken ein Sprung der pH-Werte in die Nähe des Neutralpunktes mit pH-Werten von 6,7 bis 7,6. Diese bedrohliche Eutrophierung des Wasserkörpers, die von erhöhten Phosphatwerten auch im Tiefenwasser des Sees und bereits beachtlichen Sauerstoffdefiziten begleitet wurde, konnte zunächst durch Unterbindung der Zuführung des Elsterwassers und durch Einleiten sauren Grubenpumpwassers aus anderen Tagebauseen unterbunden werden.

Aus dieser Tatsache heraus verbietet sich auch eine Forellen-Intensivzucht im eigentlichen Hauptbecken des Senftenberger Sees. Die Abnahme der Leitfähigkeit des Seewassers wird nach Schumann (1972) durch das Abbinden der Mineralsäure und die Adsorption des Eisens hervorgerufen. Die stark abfallenden Eisenkonzentrationen sind auf Adsorption der Kohlereste und der Sedimentation des Eisenoxidhydrates begründet. Im Wasserkörper haben sich auch bereits erste Mengen an gebundener Kohlensäure (HCO_3^-) eingefunden. Der Senftenberger See ist gegenwärtig ein Calcium-Sulfatgewässer vom bikarbonatarmen Typ in der Phase der Übergangsstufe.

Die Praxis am Senftenberger See zeigt, daß in einem Zeitraum von nur 5 Jahren eine Neutralisierung des Wasserkörpers und lokal bereits eine Überschreitung der Grenzwerte für Badequalität entstand. In diesem Zeitraum wurden insgesamt etwa 220 Mill. m^3 Elsterwasser eingeleitet, das entspricht etwa dem 3fachen Volumen des Restsees. Mit der Möglichkeit der Flutung mit saurem Grubenwasser im Nebenschluß aus anderen Tagebauen kann einer Eutrophierung der Wasserkörper der Lausitzer Tagebauseen rechtzeitig begegnet werden.

4. Hydrobiologische Verhältnisse

Hydrobiologisch verläuft der Prozeß der Reifung des Gewässers mit der Entwicklung des Planktons parallel. Es zeigten sich 1972 bis 1975 im Hauptbecken des Sees bei Niemtsch bei pH- Werten von 2,8 bis 3,4 lediglich sehr vereinzelt und überwiegend abgestorbene Plankter, die offensichtlich über die Schwarze Elster eingetragen wurden (Ceratium hirundinella und Brachionus spec.).

Im Sommer 1976 trat bei pH-Werten von 3,4 ein stark verarmtes Plankton mit folgenden Arten auf: Fragilaria crotonensis, Pediastrum duplex, P. boryanum und Brachyonus urceolaris. Ende 1977 setzte durch die langanhaltende Zuführung mit Elsterwasser im Hauptbecken ein Sprung der pH- Werte in den schwach sauren Bereich ein. Damit verbunden war eine Massenentwicklung von Peridineen, die einen zeitweisen Rückgang der Sichttiefe auf etwa 40 cm verursachten. Im Spätherbst kam es bei pH-Werten von 5,8 bis 6,5 zu einer Massenentwicklung von Chromolina rosanoffii, der Goldglanzalge, an der Wasseroberfläche, die eine rötliche Färbung des Oberflächenwassers verursachte.

In den folgenden Jahren stellte sich ab 1978 bei pH-Werten von 6,7 bis 7,8 ein artenreiches Oberflächenwasserplankton ein, in dem Peridineen und Diatomeen vorherrschten.

Das vom Durchfluß weitgehend abgeriegelte Südfeld weist bis heute noch ein stark verarmtes Plankton auf.

5. Landschaftsgestaltung und Naturschutz

In der Schutzverordnung vom 25. 3. 1981 wurde durch den Rat des Bezirkes Cottbus das NSG „Insel im Senftenberger See" bestätigt. Neben den beiden zentralen Inselkernen der Hauptinsel umfaßt das NSG 32 kleinere bis sehr kleine Nebeninseln oder Sandrücken sowie die Wasserflächen und Schilfzonen der Buchten. Die Größe der Bucht zwischen den beiden Inselkernen im Norden beträgt allein etwa 100 ha. Größenangaben zum NSG:

899 ha Gesamtfläche
433 ha Landfläche
466 ha Wasserfläche.

In den tiefsten Senken beider Inselkerne haben sich nach Flutung des Restloches einzelne kleine Seen bzw. Weiher gebildet, die eine unterschiedliche hydrochemische Beschaffenheit aufweisen. Im Jahre 1976 konnten in zwei größeren Gewässern Eisengehalte von 245 bzw. 361 mg/l sowie freie Mineralsäure in einer Menge von 12,6 bzw. 18,5 mval/l gemessen werden: der Sulfatgehalt lag bei 2300 und 2600 mg/l SO_4^{2-}.

Entsprechend ihrer Herkunft aus Kippmaterial befinden sich die Böden der Insel in sehr jungen Stadien der Bodenentwicklung. Der Fläche nach herrschen Kippsande pleistozänen und tertiären Ursprungs vor, im Wechsel sowohl flächig als auch schichtweise durchsetzt von Kippkohlesanden und Kohleletten. Lediglich am Ostufer des westlichen Inselkernes lagern nach Neumann (1975) kleinflächig von Mergelbrocken durchsetzte Kipplehme.

Abgesehen von zwei größeren Aufforstungsflächen mit Waldkiefer (Pinus sylvestris) und Roteiche (Quercus borealis) auf dem westlichen Inselbereich, wird das Florenbild weitgehend von Vertretern der Pioniergesellschaften und Sandtrockenrasen bestimmt. Die Herausbildung echter Pflanzengesellschaften und die Ablösung früher Sukzessionsstadien sind großflächig zu beobachten. Besonders auffällig ist dabei der Anteil an ozeanischen und subozeanischen Arten (Pietsch 1983, 1988, 1990).

Folgende Schutzziele wurden aufgestellt:

1. Erhaltung primärer, durch den Menschen unbeeinflußter Rohbodenstandorte zum Studium der natürlichen Vegetationsentwicklung im Vergleich zur Entwicklung der Vegetation in Kieferkulturen auf gleichen Standorten;
2. Erhaltung von Regenerationszentren konkurrenzschwacher Trockenrasengesellschaften;

3. Erhaltung isolierter, klarer oligotropher, azidotropher Standgewässer
   — zum Studium der eigengesetzlich erfolgenden biologischen Regeneration,
   — zum kontrollierten Aufbau oligotropher Klarwasser- Ökosysteme;
4. Schaffung von Regenerationszentren für Arten des atlantischen Florenelementes mit zahlreichen gefährdeten Pflanzenarten (Pilularia globulifera, Deschampsia setacea und Eleogiton fluitans);
5. Schaffung von Rückzugsgebieten für durch den Bergbau gefährdete Pflanzenarten (Myrica gale, Rhynchospora fusca), die durch Umpflanzaktionen an diese Standorte gebracht werden könnten;
6. Erhaltung von Brut- und Rastgebieten für Wasservögel;
7. Schaffung von Feuchtgebieten und Laichplätzen für Lurche und Amphibien;
8. Die Entwicklung eines ganzen Landschaftsgefüges einschließlich des Bodens und Wassers sowie seiner Vegetation und Tierwelt im dynamischen Zusammenhang von primären Initialstadien bis zum Erreichen eines Klimaxstadiums;
9. Gewinnung wertvoller Erkenntnisse für die Herausbildung terrestrischer und aquatischer Ökosysteme an primär ökologisch unausgewogenen, wuchsfeindlichen extremen Grenzstandorten tertiärer Herkunft.

Die Vegetationsverhältnisse lassen sich durch folgende wichtige Pflanzengesellschaften und Vegetationseinheiten charakterisieren:

1. Wasservegetation
   — Primärvegetation: Ausgedehnte Zwiebelbinsenrasen (Juncus bulbosus-Rasen) sind Zeiger hoher Wassergüte und überziehen in flutenden und untergetauchten Beständen bis 5 Meter tiefe Bereiche in dichten Teppichen; Charaktervegetation der sauren Tagebaugewässer der Lausitz
   — Pillenfarnrasen (Pilularia globulifera), kennzeichnend für das Übergangsstadium der Tagebauseen
   — Laichkrautbestände (Potamogeton natans)
2. Sumpfvegetation und Röhrichtbestände
   — Rohrkolbenröhricht (Typha latifolia-Röhricht)
   — Schilfröhricht (Phragmites australis-Röhricht)
   — Flechtbinsenröhricht (Schoenoplectus lacustris-Röhricht)
3. Vegetation der Feuchtwiesen und Feuchtheiden
   — Flatterbinsenflur (Juncus effusus und J. conglomeratus)
   — Pfeifengrasbestände (Molinia caerulea-Bestände)
   — Heidekrautbestände (Calluna vulgaris-Bestände)
   — Lungenenzian — Borstgras-Rasen (Gentiana pneumonanthe, Nardus stricta)
   — Borst-Schmielen-Rasen (Deschampsia setacea-Rasen)
4. Vegetation trockener Sandstandorte
   — Landreitgrasflur (Calamagrostis epigejos-Flur)
   — Schwingelrasen (Festuca rubra, F. ovina)
   — Immortellen-Sandflur (Helichrysum arenaria-Flur)
   — Silbergrasflur (Corynephorus canescens-Flur)
   — Thymianflur (Thymus serpyllum)
   — Nachtkerzenfluren (Oenothera rubicaulis, Oe. parviflora)
5. Laub- und Nadelwaldforste und natürlicher Gehölzanflug

6. Entwicklung als zentrales Erholungsgebiet

Durch rechtzeitige Planung der territorialen Anforderungen an das Auslaufprogramm des Tagebaues Niemtsch war es möglich, die Abflachung der Endböschung Koschen im bergbaulichen Prozeß durchzuführen. Durch den Beschluß des Generalbebauungsplanes durch den Kreistag Senftenberg wurde einer ungeregelten und privaten Erschließung zur Erholungsnutzung vorgebeugt.

Die Erstflutung des Restsees fand mit einem Volumen von 80 Mill. m^3 während der Jahre 1968 bis 1974 statt. Bereits in dieser Phase erfolgte im Jahre 1973 die Schaffung des ESS (Erholungsgebiet Senftenberger See) und im Juni die Eröffnung der ersten Badestrände; im Juni der Koschener Strand; im August der Niemtscher Strand.

Die hydrochemische Beschaffenheit des Wasserkörpers des Senftenberger Sees befand sich zu diesem Zeitpunkt noch im Frühstadium, das durch das Vorkommen extremer Aziditätsverhältnisse und freier Mineralsäure gekennzeichnet war. Die Eröffnung des Badebetriebes erfolgte ohne Zustimmung des Bezirks-Hygiene-Institutes Cottbus. Die Wasserbeschaffenheit entsprach nicht den Kriterien der damaligen Badeverordnung. Erst später wurde eine TGL für Baden in Freibädern geschaffen, in der die chemischen Kriterien zugunsten biologischer ersetzt worden waren. Aufgrund der biologisch einwandfreien Beschaffenheit als Folge geringer biologischer Aktivität im Seewasser entsprach nun der Wasserkörper im Senftenberger See den Bedingungen zur Erholungsnutzung mit primärem und sekundärem Wasserkontakt.

Im Rahmen der Gestaltung des Senftenberger Sees als überregionales Erholungsgebiet wurden vielerorts Böschungsabflachungen vorgenommen und ausgedehnte Strandbereiche angelegt (Koschener, Niemtscher, Senftenberger und Buchwalder Strand sowie Strandbereiche des Kinder- Ferienlagers und im Südfeld ein Strand für das BKK Senftenberg).

Eine erste Uferbepflanzung der nicht als Badestrand vorgesehenen Bereiche wurde Anfang der siebziger Jahre vorgenommen. Allerdings wurden dabei nicht immer die für den Standort geeignetsten Gehölze angepflanzt, vielerorts solche, die gerade im Angebot der Baumschulen waren. Die Bepflanzung erwies sich deshalb in vielen Fällen als unzweckmäßig. Die Konsultation eines versierten Landschaftsgestalters war versäumt worden.

7. Grundsätze und Empfehlungen für die weitere Erschließung der Seengebiete im Bezirk Cottbus

Ausgehend von den Erfahrungen am Senftenberger See sind folgende Probleme bei der weiteren Entwicklung zukünftiger Seengebiete im Territorium effektiver zu lösen:

— Maßnahmen zur Entwicklung und Gestaltung der Landschaft haben im gesellschaftlichen Interesse grundsätzlich Vorrang vor Erschließungs- und Baumaßnahmen des Erholungswesen.
— Die möglichst schnelle Wiederherstellung einer ökologischen Stabilität ist zu fördern. Dazu sind insbesondere in den Uferbereichen unter Beachtung der starken Wasserspiegelschwankungen mannigfaltige Pflanzenbestände anzusiedeln bzw. deren Sukzession zu fördern. Die Bepflanzung der Uferbereiche ist standortsgerecht, landschaftstypisch und damit pflegearm zu konzipieren.

— Gefährdete Bereiche der Ufer und Böschungen sollten langfristig nicht für eine öffentliche Nutzung vorgesehen werden.
— Es ist zukünftig eine Uferfreihaltezone zu schaffen, um, sofern es die Sicherheit erlaubt, einen durchgängigen Uferrandweg zu realisieren.
— Bei der Einrichtung von Schiffahrtslinien sind bei der Auswahl der Routen Fragen der Ufersicherung zu klären. Davon wird auch die Größe der anzuschaffenden Fahrgastschiffe bestimmt.
— Beim Wassersport ist die zunächst starke Aggressivität des Wassers gegenüber den Bootskörpern zu beachten.
— Es sind Voraussetzungen zu schaffen, um die ständige Sauberhaltung der Flachwasserzonen und der Strände zu sichern.
— Parkplätze für den individuellen Bereich und den öffentlichen Fahrzeugverkehr der Erholungssuchenden sind rechtzeitig und mit ausreichender Kapazität herzustellen.
— Im gesamten Seengebiet ist eine erholungsfreundliche Land- und Forstwirtschaft zu betreiben, um eine rationelle und pflegearme Mehrfachnutzung der Flächen zu gewährleisten.
— Die Seen sollten fischereiwirtschaftlich nur extensiv sowie vom DAV genutzt werden, wenn sie vorrangig einer Erholungsnutzung unterliegen.

8. Ausblick

Mit dem Senftenberger See ist kein Gewässer entstanden, das sich mit denen der Mecklenburger Seenplatte oder des Kulkwitzer Sees vergleichen läßt, da diese von ganzjährig alkalischer Beschaffenheit sind und durch einen hohen Bikarbonatgehalt gekennzeichnet werden. Er besitzt dagegen nur geringe Mengen an gebundener Kohlensäure, dafür aber wesentlich höhere Mengen an Eisen, Sulfat und an freier gelöster Kohlensäure (CO_2). Haben wir es bei den Mecklenburger Seen mit alkalischen Klarwasserseen zu tun, so ist der Senftenberger See ein ganzjährig saurer Klarwassersee. Diesen Zustand soll und wird er auch während des nächsten Jahrzehntes noch behalten.

Dieser Unterschied in der hydrochemischen Beschaffenheit findet auch seinen Ausdruck in der Sturktur der vorherrschenden Wasserpflanzenvegetation. Die für die Mecklenburger Seen und den Kulkwitzer See charakteristischen Armleuchter-Algen und Laichkraut-Rasen (Chara- und Potamogeton-Arten) fehlen dem Senfternberger See und werden ihn in späterer Zeit auch kaum besiedeln. Den alkalischen Klarwasserseen fehlt dagegen die für saure Gewässer der Lausitz und somit auch den Senftenberger See typische Wasservegetation der azidophilen Zwiebelbinsen- und Pillenfarn-Rasen (Juncus bulbosus und Pilularia globulifera). Es wäre deshalb falsch zu fordern, im zukünftigen Senftenberger Seengebiet Gewässer zu schaffen, wie sie in Mecklenburg vorkommen. Unter den besonderen geologischen und klimatischen Bedingungen der Lausitz mit ihren nährstoffarmen, sauren Sanden können sich ganz einfach keine alkalischen Klarwasserseen entwickeln, sie würden den naturnahen Verhältnissen der Landschaft im Bezirk Cottbus nicht entsprechen. Diese Zusammenhänge sollte man wissen und beachten, wenn man sich mit der zukünftigen Entwicklung der Seengebiete um Cottbus beschäftigt.

Der Senftenberger See sollte ein sauberer, sauerstoffreicher, mäßig nährstoffreicher saurer Klarwassersee bleiben, da er sich so am besten während des nächsten Jahrzehntes erhalten kann und sich den gegebenen natürlichen Verhältnissen der Lausitz einpaßt. Es ist zukünftig darauf zu achten, daß eine zusätzliche Belastung des Wasserkörpers durch Nährstoffanreicherung, insbesondere durch Fischintensivhaltung und Einleiten nährstoffreichen Oberflächenwassers der Schwarzen Elster, unterbleibt.

9. Literatur

NEUMANN, E. (1975): Die Bodenverhältnisse im Naturschutzgebiet „Senftenberger See" und Empfehlungen zur Bodennutzung. Mskr. Cottbus, n.p.

PIETSCH, W. (1973): Vegetationsentwicklung und Genese in den Tagebauseen des Lausitzer Braunkohlen-Revieres. Arch. Naturschutz u. Landschaftsforsch. **13**, 3, 187—217.

PIETSCH, W. (1979a): Zur ökologisch-hydrochemischen Situation der Tagebauseen des Lausitzer Braunkohlen- Revieres. Arch. Naturschutz u. Landschaftsforsch. **19**, 2, 97— 115.

PIETSCH, W. (1979b): Klassifizierungs- und Nutzungsmöglichkeiten der Tagebauseen des Lausitzer Braunkohlen-Revieres. Arch. Naturschutz und Landschaftsforsch. **19**, 3, 187—215.

PIETSCH, W. (1983): Braunkohlenbergbau und Naturschutz. Landschaftsarchitektur, **12**, 3, 87—90.

PIETSCH, W. (1988): Vegetationskundliche Untersuchungen im NSG „Welkteich". — Brandenburgische Naturschutzgebiete, Folge 61. — Naturschutzarbeit in Berlin und Brandenburg, **24**, 3, 82—95.

PIETSCH, W. (1990): Erfahrungen über die Wiederbesiedlung von Bergbaufolgelandschaften durch Arten des atlantischen Florenelementes. Abh. Ber. Naturkundemus. Görlitz, **64**, 1, 65—68.

SCHUMANN, H. (1972): Beitrag zur Hydrochemie der Gewässer in der Lausitz — Wassergüteprobleme des Tagebaurestgewässers Niemtsch und des Tagebaues Koschen. Dipl.-Arb. Technische Univ. Dresden, 1—48.

Dr. habil. WERNER PIETSCH
Am Tälchen 16
O-8027 Dresden

II. Naturwissenschaftliche und bergbauliche Grundlagen

DIE GEOLOGISCHEN BEDINGUNGEN DER BERGBAUFOLGELANDSCHAFT IM RAUM LEIPZIG

Ansgar Müller, Lothar Eissmann

Einige der vielen Kausalketten, die bei der Bergbaufolgelandschaft enden, beginnen bei bestimmten geologischen Prozessen, die zu geologischen Strukturen und Sedimenten geführt haben. Diese Strukturen und Sedimente haben die gesamte menschliche Kultur — angefangen bei der Agrikultur — maßgeblich mitbestimmt, über Boden, Grundwasser und Bodenschätze. Sie bestimmen zusammen mit anderen Grundbedingungen (unter anderem Entwicklungsstand der Produktivkräfte, politische Bedingungen) auch Grundzüge sowie verschiedene Details der Bergbaufolgelandschaft.

Die Kausalkette, die vom geologischen Prozeß über die geologische Struktur bzw. das Sediment zu den bergbaulichen Bedingungen und von da zur Bergbaufolgelandschaft führt, läßt sich am besten in tabellarischer Weise veranschaulichen. Deshalb sollen, ausgehend von 21 geologischen Prozessen, diese Beziehungen in der folgenden Weise dargestellt werden, ohne daß eine Erläuterung durch fortlaufenden Text vonnöten wäre. Die fortlaufenden Nummern in der ersten Spalte können in der Abbildung wiedergefunden werden (außer 17, 18, 21), so daß auf weitere Verweise verzichtet wird.

Nimmt man den geologischen Prozeß zum Ausgangspunkt der Betrachtungen, so muß zwangsläufig auf konsequente Aufeinanderfolge im stratigraphischen Sinn verzichtet werden. Dies darf auch so sein, denn die Stratigraphie ist bei angewandt-geologischen Problemen nur Stützgerüst und Hilfsmittel für die drei entscheidenden Fragen nach dem WAS (Lithologie; chemische, physikalische, strukturelle Zustände), nach dem WO (Lagerungsverhältnisse) und dem WIEVIEL (Masse, Volumen).

Tabelle 1

Nr.	Verursachende geologische Prozesse	Geologische Strukturen und Sedimente	Folgen für den Braunkohlenbergbau (Beispiele)	Auswirkungen auf die Bergbaufolgelandschaft
1	2	3	4	5
01	Vorbedingung: saxonische Bruchtektonik	auf Hochschollen Zechsteinsedimente erodiert, auf Tiefschollen erhalten	weitspannige Flöze auf Hochschollen, engspannige auf Tiefschollen	weitspannig: wie unter 03; engspannig: wie unter 02
02	Zechsteinsubrosion im älteren Tertiär mit Bildung sumpfiger Senken (Rindmoor, Bruchwald)	sehr mächtige, tiefreichende engspannige Flöze, große Flözneigungen (Kessel), tiefe Liegendkies-Senken neben Kohleflözen	sehr tiefe Tagebaue, z. T. Sondergewinnung; große Mengen mineralisierter Liegendwässer (Profen-Süd)	große Volumendefizite (tiefe Restlöcher), hohe Tertiäranteile in den Kippen; bedeutende Grundwasserleiter, an Kippen grenzend

Tabelle 1 (Fortsetzung)

Nr.	Verursachende geologische Prozesse	Geologische Strukturen und Sedimente	Folgen für den Braunkohlenbergbau (Beispiele)	Auswirkungen auf die Bergbaufolgelandschaft
1	2	3	4	5
03	allmähliche, epirogene Senkung im Obereozän bis Mitteloligozän	drei weitspannige, flachwellige Flözkomplexe im Weißelsterbecken (I, II/III und IV)	großflächige Tagebaue mit relativ geringen Tiefen (Böhlen – Zwenkau)	riesige Kippflächen mit Flurkippen; großflächige, rel. einheitliche Nutzungsgebiete
04	Senkungsbecken des älteren Tertiärs werden von Flüssen durchströmt	mehrfache Aufspaltung der Flöze, Verzahnung mit Sandkomplexen, bes. in den sog. Flußsandzonen	unregelmäßige Bauwürdigkeitsgrenzen; Abbau großer Mengen tertiären Sandes (Groitzscher Dreieck, Peres)	unverritzte Gebiete im Revier; Begrenzung Kippe gegen Haupt-Grundwasserleiter; viel FeS_2 in Kippen
05	stärkere Absenkung führt zu wassergefüllten Becken mit Tonsedimentation	mächtige Ton- und Schluffserien zwischen den Kohleflözen (Luckenauer, Haselbacher Ton, Bitterfelder Decktonkomplex)	Abbaggerung und z. T. Sondergewinnung mächtiger toniger Begleitrohstoffe (Haselbach, Profen-Süd)	Anlage und jahrzehntelange Bewirtschaftung von Begleitrohstoffhalden
06	starke Senkungen im Mitteloligozän führen zu mariner Ingression (Rupelmeer)	bis über 30 m mächtige Folge mariner Feinsande und Schluffe mit viel FeS_2 (Böhlener Schichten)	mächtige, schwer entwässerbare Abraumserie mit Standsicherheitsproblemen (Zwenkau, Espenhain)	Standsicherheitsprobleme beim Wiederanstieg des Grundwassers; kulturfeindliche Kippmassen (FeS_2!)
07	starke Absenkung im Oberoligozän-Miozän führt zu paralisch- ästuarinen Bedingungen	mächtige Komplexe der Bitterfelder Glimmersande (Cottbuser Schichten) und der Feinsande der unteren Briesker Schichten	bedeutende Mengen gespannter Grundwässer unter dem Bitterfelder Flözhorizont sind zu heben (Goitsche, Delitzsch-Süd)	lange Wiederanstiegszeiten für Grundwasser; nutzbare Grundwasserleiter unter Kippmassen (Fragen der Grundwasserqualität)
08	allmähliche epirogene Senkung im Miozän, z. T. für Kohlebildung zu schnell	weitspannige, flachwellige Flöze des Bitterfelder Reviers mit Tonlagen und Übergang in Ton- und Schluff-Fazies	wechselhafte Bauwürdigkeit der Teilflöze Bi_u, Bi_{o1}, und Bi_{o2}; große Baufelder, Tagebaue flach (Delitzsch-SW)	große Kippflächen mit Flurkippen; großflächige, relativ einheitliche Nutzungsgebiete (wie lfd. Nr. 03)
09	Liegendrücken: Grundgebirgsaufragungen oder Sandrücken (Dünen im Flözliegenden)	starke Flözaufwölbungen mit Verringerung der Flözmächtigkeit, z. T. auch spätere Kappung des Flözes	stellenweise innerhalb des Baufeldes unbauwürdige oder fehlende Flöze (Goitsche, Muldenstein)	Gliederung der Kippflächen durch umfahrene Gebiete mit gewachsenem Boden und intakten Grundwasserleitern

Tabelle 1 (Fortsetzung)

Nr.	Verursachende geologische Prozesse	Geologische Strukturen und Sedimente	Folgen für den Braunkohlenbergbau (Beispiele)	Auswirkungen auf die Bergbaufolgelandschaft
1	2	3	4	5
10	Zechsteinsubrosion während des Jungtertiärs	steilwandige Flözabsenkungen (Löcher), gefüllt mit Rupel- oder jüngeren Sedimenten	komplizierte abbautechnische Bedingungen für alle Flöze (Groitzscher Dreieck, Profen)	Wechselhaftigkeit der Kippsubstrate auf engem Raum; Kohlesubstanz in Kippen
11	Absenkung im Norden, Hebung im Süden führt ab Mittelmiozän zur Schollenkippung	Generalneigung aller Sedimentfolgen nach N; jeweils jüngere Flöze im S erodiert, ältere im N tief versenkt	unregelmäßige Bauwürdigkeitsgrenzen der älteren Flöze im N; Teilung in Bitterfelder Revier und Weißelsterbekken (Breitenfeld)	Gliederung in zwei Teilreviere (im N, im S von Leipzig); bei Abbau von Tiefenflözen, tiefe Restlöcher, lange Wiederanstiegszeit
12	fluviatile Erosion vom Pliozän bis Frühelsterglazial	Erosion bzw. Freilegung von Kohleflözen in ehemaligen Flußtälern	a) reduzierte Abraummächtigkeit; b) in Talbereichen z. T. fehlende Bauwürdigkeit (Elsterfelder)	weitere Zergliederung der Bergbaufolgelandschaft durch unverritzt bleibende Gebiete
13	fluviatile Sedimentation in den verschiedensten Zeiten des Quartärs	quartäre Flußschotterterrassen sind die wertvollsten Grundwasserreservoire und ausgezeichnete Kiessandlagerstätten	bedeutende Entwässerungsleistungen nötig; Abbau wertvoller Kiessandlagerstätten im Abbraum (Breitenfeld, Delitzsch-Südwest)	wichtigste Grundwasserleiter für immer zerstört; an ihre Reste grenzt Kippe; wichtig für Lithologie der Kulturbodenkippe
14	Sedimentation in Gletscherstauseen vor dem vorrückenden Inlandeis	Bänderschluff, -ton und -feinsand (z. T. eben, z. T. geneigt) im Abraumprofil; stark wasserstauend	rutschungsgefährdete, wasserstauende Horizonte, Gleitbahnen bildend (Peres)	Nässestau und Rutschungsgefahr an Standböschungen von Restlöchern (Espenhain-Nord)
15	Bedeckung mit Inlandeis und Ausschmelzen von Moränenmaterial in der Elster- und Saaleeiszeit	Grundmoränenflächen mit 5 ... 25 m mächtigem Geschiebe mergel und -lehm, begleitet von wasserführenden Kiessand- und stauenden Ton- bzw. Schlufflagen	mächtige Grundwasserstauer im Abraum; grundwasserleitende Einlagerungen verursachen Wasser- und Standsicherheitsprobleme (Breitenfeld, Espenhain)	Kulturfähige, basische Kippmassen, wertvoll zur Neutralisierung sauren tertiären Kippsubstrats, allerdings verdichtungsgefährdet
16	Schmelzwassererosion sowie Gletscherexaration in Elster- und Saaleeiszeit	tiefe Erosionsrinnen und -wannen bis ins Flözniveau und tiefer; Füllung mit Sand, Schluff und Kies	schmale Rinnen überbaggert, breite angeschnitten; umfangreiche Entwässerungsmaßnahmen (Gröbern)	Zergliederung der Kippflächen durch unbauwürdige Feldesteile; Kippen begrenzen wichtige Grundwasserleiter

Tabelle 1 (Fortsetzung)

Nr.	Verursachende geologische Prozesse	Geologische Strukturen und Sedimente	Folgen für den Braunkohlenbergbau (Beispiele)	Auswirkungen auf die Bergbaufolgelandschaft
1	2	3	4	5
17	glazigene Störung der Flöze in der Saaleeiszeit durch Gletscherfußbrüche	Braunkohlenflöze in Schuppen und Schollen von geringer Ausdehnung und z. T. starker Neigung	Abbau mit Kleingeräten, den Schuppen nachfahrend (meist historisch) (Radis, Gniest bei Gräfenhainichen)	Rinnenförmige, schmale und nicht tiefe Restlöcher, von Wällen flankiert, engräumig (nur historisch)
18	Aufnahme und Absetzung großer Sedimentschollen durch Inlandeis der Saaleeiszeit	Braunkohleflöze in unregelmäßigen Schollen geringer Ausdehnung und in wechselnden Lagerungsverhältnissen	Abbau im Tiefbau oder in kleinen Gruben, durchweg historisch (Bortewitz und Schmannewitz bei Dahlen)	wellige Folgelandschaften mit Sackungen und Tagebrüchen; geringe Ausdehnung (nur historisch)
19	Mollisoldiapirismus in aufgetauten, vorher frostgestörten Kohleflözen; kaltzeitlich	Steilwandige, mauerartige Flözaufragungen und -verdikkungen (Diapire) mit entsprechenden Randsenken (Flözausdünnung)	Abbauverluste bzw. Spezialgewinnung mit hohem gerätetechnischem und Arbeitsaufwand (Golpa-Nord, Profen)	geringer Einfluß; lediglich größere Mengen an Kohlesubstanz (und anderen Tertiärsedimenten) gelangen in die Kippmassen
20	Aus- und Aufwehung von Lößmaterial in der Weichseleiszeit	diskordante Lößdekken von 0,5 ... 12 m Mächtigkeit im südlichen Teil des Gebietes	wertvoller Kulturboden, der selektiv gewonnen werden muß (Profen-Süd, Profen-Nord)	besonders kulturfreundliche Substrate, für landwirtschaftliche Nutzung bestens geeignet
21	periglaziäre Prozesse in der Weichseleiszeit, anschließend Bodenbildung im Holozän	periglaziäre Deckserie mit Bodenprofil in Einheit von Material, Struktur, chemisch-physikalischen Eigenschaften sowie Bodenfauna und Bodenmikroflora	selektive Mutterbodengewinnung oder Zerstörung des Kulturbodens und des kulturfreundlichen oberflächennahen Substrats	endgültiger Verlust des Kulturbodens mit seiner Struktur und Biologie, z. T. auch seiner Substanz; Ersatzmaßnahme ist die Rekultivierung

Zusammmenfassend sollen nochmals die geologischen Prozesse hervorgehoben werden, die die Bergbaufolgelandschaft entscheidend prägen, um sie aus den Prozessen herauszuheben, die nur modifizierend wirken oder Sonderfälle darstellen. Es sind:

1. Die *Schollenbildung* des Gesamtgebietes durch die saxonische Bruchtektonik als Grundbedingung für unterschiedliche Lagerstättentypen.
2. Die allmähliche, *epirogene Senkung* des Gesamtgebietes im älteren Tertiär (Weißelsterbecken) und im Miozän (Bitterfelder Revier), weiträumige Flözbildung auslösend.
3. Die *Auslaugung (Subrosion)* der Zechstein-Anhydrite, die zu Kohlebildung in mächtigen Kesseln und jüngeren Absenkungen („Löcher") führte.

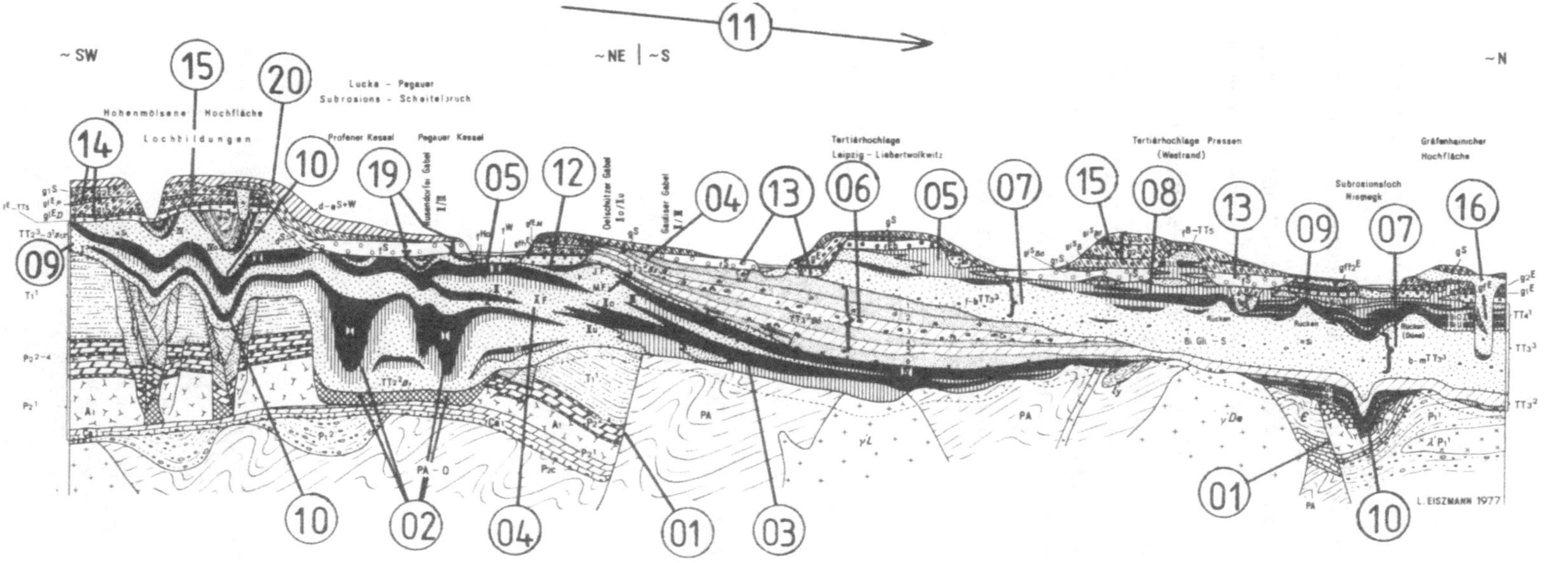

Abb. Halbschematischer Faziesschnitt durch das Känozoikum und oberflächennahe ältere Gebirge der Leipziger Tieflandsbucht und des Bitterfelder Raumes. Die Zahlen in Kreisen entsprechen der fortlaufenden Numerierung im Text.

Quartär: Ho — Holozän, W — Weichseleiszeit, S — Saaleeiszeit, H — Holsteinwarmzeit, E — Elstereiszeit, M Eb B — Kaltzeiten entsprechend der Unteren, Mittleren und Oberen Frühpleistozänen Terasse, f — fluviatil, g — Grundmoräne, gl — glazilimnisch, gf — glazifluviatil, gff — glazifluviatil bis fluviatil, d — deluvial, e — äolisch; tiefgestellte Buchstaben sind Lokalbezeichnungen
Tertiär: TT5 — Pliozän, TT4 — Miozän, TT3 — Oligozän, TT2 — Eozän; b—m — brackisch bis marin, f—b — fluviatil bis brackisch (küstennah); Ä.F., M.F., J.F. — Ältere, Mittlere, Jüngere Flußsandzone; $TT3_3$Bö — mitteloligozäne Böhlener Schichten: 1 — Formsand und Kaolinsand (bis Oberoligozän), 2 — Muschelsand mit mindestens drei Fossillagen, 3 — Muschelschluff, 4 — Grauer Sand, 5 — Glaukonitschluff, 6 — Brauner Sand und Schluff mit basalem Transgressionskies, 7 — Weißer Sand; Ca — Kalksandsteinknollen, Ph — Phosphoritknollen, xSi — Verkieselungen, Tertiärquarzit, y — Flöz y; schwarz: Braunkohlenflöze mit Lokalbezeichnungen (Gr — Flöz Gröbers, Br — Flöz Bruckdorf, BiU — Bitterfelder Flöz, Unterbank, BiOI und BiOII — Bitterfelder Flöz, Oberbank I und II)
Prätertiär: $T1^1$ — Buntsandstein, $P2^{2-4}$ — Zechstein, Staßfurtserie und jüngere Serien, $P2^1$ — Zechstein, Werraserie (A1 — Anhydrit, Ca1 — Kalkstein, P2C — Konglomerat), $P1^2$ — Oberrotliegendes, $P1^1$ — Unterrotliegendes (λ' — Rhyolithoide), O — Ordovizium, € — Kambrium, PA — Oberproterozoikum, γ'L — Leipziger Granodiorit, γ'D — Delitzscher Granodiorit

4. Die *Flußtätigkeit im Tertiär*, die zu Flözaufspaltungen und flözleeren Gebieten (Flußsandzonen) führt und die Bergbaulandschaft modifiziert.
5. Der mitteloligozäne *Meereseinbruch* mit Sedimentation schwefelreicher, schwer entwässerbarer, wenig standsicherer Feinsande.
6. Die *Schollenkippung* vom höheren Miozän an, die zu Erosionen und Freilegungen führt und die gesamte Revierkonfiguration prägt.
7. Die *Flußtätigkeit im Quartär*, die Flöze freilegt und beseitigt sowie bedeutende Grundwasserreservoire und Kiessandlagerstätten schafft, die der Bergbaufolgelandschaft fehlen.
8. Die *eiszeitlichen Gletschervorstöße*, die mächtiges bindiges Moränenmaterial hinterlassen, das ein wichtiges kulturfähiges Kippsubstrat ist.
9. Die *elstereiszeitlichen Schmelzwasserrinnen* begrenzen Baufelder und prägen z. T. die hydrogeologischen Verhältnisse der Bergbaufolgelandschaft.
10. Die *Lagerungsstörungen* durch Gefrornis und Wiederauftau sowie Eislast der Gletscher begrenzen vielfach die Bauwürdigkeit.
11. Durch *periglaziäre Prozesse* wurden die älteren Bildungen mit einer Haut für den Pflanzenwuchs bestens geeigneten Bodensubstrats überzogen, das der Bergbaufolgelandschaft fehlt.

Dr. rer. nat. Ansgar Müller
Sächsische Akademie der Wissenschaften zu Leipzig
Goethestraße 3—5
O-7010 Leipzig

Dr. habil. Lothar Eissmann
Universität Leipzig, Sektion Physik, Wissenschaftsbereich Geophysik
Talstraße 35
O-7010 Leipzig

ABRAUMTECHNOLOGIE UND WIEDERURBARMACHUNG

ECKART HILDMANN, WOLFGANG SCHULZ

Mit dem Abbau von Braunkohlenlagerstätten verknüpft die Gesellschaft die Forderungen, daß die bergbaulichen Eingriffe auf ein unumgängliches Minimum beschränkt werden und die Bergbaufolgelandschaften bei Beachtung ökologischer Anforderungen ein hohes Gebrauchswertniveau aufweisen. Dazu gehört, daß die Kippenflächen mit einer solchen Qualität wieder urbar gemacht werden, daß sie nach der anschließenden Rekultivierung ein akzeptables land- und forstwirtschaftliches Ertragspotential ermöglichen. Die Kosten für die Wiederurbarmachung sind eng verknüpft mit der im Tagebau eingesetzten Abraumtechnologie. Betrachtet man die Geschichte des Braunkohlenbergbaus von seinen Anfängen her bis in die heutige Zeit, so ist eine Zunahme der Aufwendungen des Bergbaus für die Wiederurbarmachung festzustellen.

Es läßt sich verfolgen, daß mit Einzug der Großgerätetechnik und den damit verbundenen größeren Abtragsmächtigkeiten auf der Gewinnungsseite und den größeren Versturzhöhen auf den Kippen die Wiederurbarmachung immer schwieriger wurde, so daß zur Vermeidung von Verlusten bei der Qualität der Wiederurbarmachung staatliche Einflußnahme die logische Folge war. In den Anfängen des Bergbaus ist durch die Technologie des Abteilungsfahrens die Abraumberäumung fast identisch mit der qualitätsgerechten Wiederurbarmachung gewesen. Sie bedurfte keines zusätzlichen Organisationsaufwandes. Heute sind die Verhältnisse aus den unterschiedlichsten Gründen so kompliziert geworden, daß eigene Betriebsabteilungen zur Sicherung einer qualitätsgerechten Wiederurbarmachung erforderlich sind. Die vor dem Bergbau stehenden Probleme hinsichtlich der Wiederurbarmachung werden mit der Darstellung der Technik- und Technologieentwicklung deutlich.

Die Anfänge des Braunkohlentagebaues waren charakterisiert durch kleine Löffelbagger oder Eimerkettenbagger, deren hereingewonnene Massen mittels pferd- oder dampflokgezogener Wagen einer Handkippe zugefördert wurden (ab 1905). Die Bagger trugen etwa 3 bis 5 m Boden ab, der auf 2 bis 5 m hohen Kippen je nach Rolligkeitsgrad des Bodens verstürzt wurde. Mit einem solchen, durch viele Scheiben unterteilten System läßt sich annähernd der Ausgangszustand wieder herstellen. Die geringe Leistungsfähigkeit und damit ein hohes Kostenniveau bestimmen die Nachteile dieser Technologie. HÄRTIG, der Nestor der Tagebautechnik, stellt hierzu fest [1]:,,Die Wirtschaftlichkeit eines Tagebaubetriebes hängt bekanntlich von den Selbstkosten je Tonne Rohkohleförderung ab und die wiederum in der Hauptsache von den Gestehungskosten je Kubikmeter Abraum, insbesondere bei steigendem Verhältnis von Abraum zu Kohle. Wollte man also die Abraumkosten senken, so mußte dies am entscheidenden Anteil der Abraumkosten geschehen, nämlich an den Förder- und Verkippungskosten, auf die bis zu zwei Drittel der gesamten Abraumkosten entfallen."

In der Folge wurden Löffelbagger durch leistungsstärkere Eimerkettenbagger sowie Hand- durch Absetzer- (seit 1915) und Pflugkippen (seit 1923 Pflugrücker) ersetzt. Die

Abtragsmächtigkeiten stiegen, ebenso die Versturzhöhen. Hergestellt wurde beim Baggervorgang ein Mischsubstrat. Die Abtragsmächtigkeiten lagen bei 10 m. Bis 1924 ist ausschließlich der Zugbetrieb vertreten. Ab diesem Termin wird eine brauchbare Abraumförderbrücke entwickelt, durch die der gesamte die Kohle überdeckende Abraum gewonnen und auf kürzestem Wege verstürzt wird. Bis heute ist diese Technologie in ihrer Effektivität unübertroffen.

Ab 1934 wird im Braunkohlenbergbau der Schaufelradbagger eingesetzt, der gegenüber dem Eimerkettenbagger, der an einen Gleisrost gebunden war, durch sein Raupenfahrwerk mobiler ist und außerdem bestimmte Vorteile in der Hereingewinnung des Bodens bietet. Mit ihm ist eine selektive Gewinnung möglich. Damit erlangt dieser Gerätetyp, der bis auf wenige Ausnahmen in allen Vorschnitten der Tagebaue anzutreffen ist, eine besondere Bedeutung für die Wiederurbarmachung.

In den Hauptförderprozessen sind ausschließlich Schaufelrad- und Eimerkettenbagger eingesetzt. Ein Trend zu immer größeren Geräten ist unübersehbar, um mit ihrer Hilfe den geologisch und damit ökonomisch ungünstiger werdenden Lagerstättenbedingungen besser entsprechen zu können. Mit der Entwicklung des SRs 6300/8000, der eine Abtragsmächtigkeit von etwa 50 m erreicht, hat die Entwicklung dieses Gerätetyps ihr vorläufiges Ende gefunden. Beim Eimerkettenbagger, der überwiegend an Abraumförderbrücken gekoppelt ist, ist mit der Konstruktion des Es 3750 die Grenze der Verwirklichung maschinentechnischer Möglichkeiten erreicht. In Hoch- und Tiefschnitt werden Abtragsmächtigkeiten von etwa 60 m erzielt.

Mit Zuwendung zu den Fördertechnologien sind Zug- und Bandbetrieb sowie Direktfördertechnologien von Interesse. Der Zugbetrieb ist die älteste Technologie. Gegenüber den anderen Verfahren zeichnet er sich durch hohe Flexibilität aus. Er erlaubt es, den Boden selektiv zu gewünschten Zielen zu transportieren. Nachteilig wirken sich hohe Witterungsabhängigkeit, hoher Arbeitskräftebedarf und erhebliche Betriebskosten von etwa 6 M/m^3 aus. Die beim Zugbetrieb angeführten Nachteile treten beim Bandbetrieb nicht in diesem Umfang in Erscheinung. Sein Vorteil ist vor allem in einer höheren zeitlichen Auslastung der im Tagebausystem eingesetzten Geräte zu sehen. Zwar kann durch einen Verteiler der Abraum aus unterschiedlichen Schnitten zu unterschiedlichen Kippen gefördert werden, doch ist die Flexibilität eingeschränkt. 5 bis 6 Schnitten im Bandbetrieb können z. B. 2 bis 3 Kippen gegenüberstehen.

Im Hinblick auf die Wiederurbarmachung ist wichtig, daß in der Regel mehrere Bagger zu einem Absetzer ihre Massen zufördern. In der Zeit der Kulturbodenbereitstellung müssen alle Geräte, die an das System angeschlossen sind, zwangsweise stillgesetzt werden, falls eine Verteilung nach anderen Kippen ausgeschlossen ist. Die Kosten des Abraums im Bandbetrieb betragen etwa 4 M/m^3. Zu den Direktförderverfahren zählen der Abraumförderbrückenbetrieb mit 2 bis 3 Es-Baggern und die Direktversturzkombination, bei der ein Schaufelradbagger mit einem Absetzer von extremer Auslegerlänge (190—225 m) gekoppelt ist. Die Verfahren sind durch den Wegfall langer Transportwege außerordentlich effektiv. Ihr Nachteil ist eigentlich nur im Hinblick auf die Wiederurbarmachung zu sehen, da bei der Abraumförderbrücke ein Mischsubstrat durch den Eimerkettenbagger hergestellt wird, das sich nur als Rippenkippe durch die Brücke verstürzen läßt. Bei dem Direktversturz ist durch den Schaufelradbagger eine selektive Bodengewinnung möglich, doch die Massen können auch nur als Rippenkippe verstürzt werden. In beiden Fällen ist entweder eine Nachfolgekippe über die Direktversturzkippen zu führen, oder die Kippen sind mit hohem Aufwand zu planieren und zu meliorieren. Die Kosten betragen bei dieser

Förderart etwa 1,50 bis 2 M/m^3. Inzwischen sind jedoch die Abtragsmächtigkeiten so hoch, daß den Direktförderverfahren ein Vorschnitt vorauslaufen muß.

Die Fördermittel transportieren den Abraum zur Kippe. Dies trifft in jedem Fall auch für die zur Wiederurbarmachung vorgesehenen Massen zu, welche zur Bildung der obersten Verkippungsschicht dienen sollen. Die zur Verkippung eingesetzten Absetzer können am besten den Wiederurbarmachungsanforderungen entsprechen, wenn sie die Kippenabschlußdecke als Rückwärtsschüttung einbringen — eine Arbeitsweise, die leider aus technologischen Gründen nur in wenigen Fällen anzuwenden ist. Viel häufiger anzutreffen, aber ungünstiger im Ergebnis ist das Auftragen der Abschlußschicht auf eine Hochschüttung, weil die enge Abhängigkeit der Gerätefahrweise zwischen Tief- und Hochschüttung zur Wirkung kommt. Anders ausgedrückt verlangt ein solcher Betrieb, daß zu bestimmten Zeitpunkten die Wiederurbarmachungssubstrate zur Verfügung stehen müssen. Eine Forderung dieser Art läßt sich nicht immer realisieren, weshalb bei den geschilderten Bedingungen die Gefahr der Substratheterogenität an der Kippenoberfläche besteht.

Die kurz dargestellten technologischen Momente führen zu der Fragestellung nach einer allgemein anwendbaren Kennzeichnungsmethode für die Möglichkeiten, in Tagebauen mit unterschiedlichen Anlagen, Geräten und Technologien Wiederurbarmachung betreiben zu können. Strzodka [2] formuliert in diesem Zusammenhang folgende grundsätzliche Aufgabe: „Durch Ausnutzung und Beeinflussung der für die Tagebaue vorgesehenen Gewinnungs-, Transport und Verkippungstechnologien wird ein Optimum an Bedingungen für die Folgenutzung der abschließenden Kippen angestrebt.“ Hierbei wird impliziert — und dies entspricht tatsächlich den realen Verhältnissen —, daß die bei der Abraumbewegung angewandten Verfahren und eingesetzten Anlagen für die Wiederurbarmachung genutzt werden, da technische Einrichtungen für den Umgang mit Wiederurbarmachungssubstraten außerhalb des Hauptleistungsbetriebes im gegenwärtigen Zeitraum eine Ausnahme bilden.

Die drei technologischen Grundverfahren des Zug-, Band- und Direktversturzbetriebes mit der Vielzahl der in den Hauptabschnitten Gewinnung, Förderung und Verkippung zur Verwendung kommenden Geräten und Anlagen sind nach ihrer Eignung für Wiederurbarmachungsaufgaben zu beurteilen. Dabei lassen sich zwei Eignungsarten erkennen.

Die *anlagenbezogene Eignung* drückt die Fähigkeit einzelner Geräte und Anlagen — ausgehend von der Konstruktion und dem jeweiligen Arbeitsverfahren — zum selektiven Umgang mit bestimmten Substraten aus. Unter diesem Blickwinkel weisen bereits die in der Gewinnung anzutreffenden Baggertypen wesentliche Unterschiede auf. Die Art des Massenabtrags durch Eimerkettenbagger infolge des gleichzeitigen Anschnittes mehrerer Schichten verursacht eine Vermischung, die für den betrachteten Zweck in der Regel unerwünscht ist. Deshalb muß dieser Baggertyp als grundsätzlich ungeeignet für die selektive Gewinnung angesehen werden. Der Schaufelradbagger trägt hingegen das Deckgebirge scheibenweise ab und ist in der Lage, bestimmte Schichten auszuhalten, wenn — und damit wird die Einschränkung deutlich — die Größte des Graborgans der Mächtigkeit der Zielschicht angepaßt ist. Das günstigste, d.h. ohne Leistungsverluste behaftete Verhältnis bewegt sich bei einer Schichtmächtigkeit von 50% des Schaufelraddurchmessers. Diese abstrakte Größe verdeutlicht sich bei einem Bezug auf die realen Bedingungen. Für den Bagger SRs 1200, der im Raum Halle/Leipzig in einer Vielzahl von Tagebauen den oberen Abraumschnitt betreibt, beträgt das Optimum 3 m, während der Bagger SRs 6300, der zunehmend zum Einsatz kommen wird, bereits eine Scheibenhöhe von etwa 8 m verlangt.

Daß unter diesen Bedinungen die selektive Gewinnung einer 1 m mächtigen Kulturbodenschicht nicht in Erwägung gezogen werden kann, bedarf keiner weiteren Erläuterung. Nachteilig für Wiederurbarmachungszwecke wirkt sich beim Schaufelradbagger das Arbeitsverfahren des Blockbetriebes aus, welches eine geringe Mobilität in der Wahl des Arbeitsortes bedingt — ein Umstand, der besonders im Niederlausitzer Förderraum mit inselhaftem Anstehen kulturfähiger Substrate nachteilige Auswirkungen hat.

Die Analyse der anlagenbezogenen Eignung in der Förderung führt zu der Zuweisung der besten Bedingungen an den Zugbetrieb, weil mit ihm ein 'portionsweiser' Transport mit freier Steuerung hinsichtlich Ziel und Zeit möglich ist. Dagegen erweist sich der kontinuierliche Massenstrom der Bandförderung als außerordentlich ungünstig für die Wiederurbarmachung. Sehr differenziert müssen die Bedingungen im Verkippungsbereich bewertet werden. Sie wurden bereits erläutert.

Mit der *systembezogenen Eignung* soll die Fähigkeit des Gesamtsystems Tagebau im Zusammenwirken von Geräteeinsatz und Art der Verbindung zwischen den Betriebspunkten Gewinnung und Verkippung bezeichnet werden, entsprechend dem Vorfeldpotential die Kippenoberfläche homogen mit einem nach seiner Nutzungsfähigkeit ausgewählten Zielsubstrat zu bedecken. Hierbei sind der produktivsten Technologie, dem Direktversturz, im wesentlichen noch verkörpert durch den Abraumförderbrückenbetrieb, die ungünstigsten Parameter wegen des bereits erwähnten Mischeffektes und der für die Wiederurbarmachung unzureichenden Manövrierfähigkeit des Geräteverbandes zuzusprechen. Auch der Bandbetrieb weist keine idealen Bedingungen auf, insbesondere bei Existenz eines Sammelbandes, das Massenströme aus mehreren Schnitten aufnimmt.

Zieht man die vertikale Gliederung eines Tagebaues zur Beurteilung heran, so gestalten sich die Wiederurbarmachungsverhältnisse mit wachsender Aufteilung der Gewinnungs- und Verkippungsbereiche in einzeln betriebene Scheiben günstiger, wenn dieser Vorzug nicht wieder mit steigender Freizügigkeit der untereinander existierenden Bedienungsmöglichkeiten aufgegeben wird. Konsequent selektiver Betrieb läßt sich am besten in einem strengen „Abteilungsfahren" zwischen dem Kulturbodenschnitt und der -schüttung eines Tagebaues realisieren.

Neben der Abbautechnologie der Braunkohlenlagerstätte bestimmen deren Vorfeldverhältnisse, d. h. das bodengeologische Vorfeldpotential den Rahmen, innerhalb dessen sich die Wiederurbarmachung mit ihren Zielen und Möglichkeiten bewegt. Bei bewußtem Abgehen von dem selektiven Einsatz der oberen Kulturbodenschicht hat sich in den letzten Jahrzehnten das in den Braunkohlentagebauen der DDR für die Wiederurbarmachung verwendete Spektrum der Abraumschichten ständig erweitert. Der Verzicht auf die Wiederverwendung des Trägers der natürlichen Bodenfruchtbarkeit, d. h. der humusangereicherten Bodenschicht insbesondere im Raum Leipzig/Halle, zugunsten der Ökonomie der Lagerstättenfreilegung bedeutet, daß — da wegfallende Naturkraft durch gesellschaftlichen Aufwand ersetzt werden muß — die anschließende Rekultivierungsphase sich ausdehnt, geringere Erträge erbringt und relativ instabile Bodenverhältnisse hinterläßt. Die Voraussetzungen für die den volkswirtschaftlichen Gegebenheiten angepaßte Verfahrensweise wurden durch umfangreiche wissenschaftliche Arbeiten zur Substrateignung und zu Rekultivierungsverfahren erbracht. In deren Ergebnis kommen heute für landwirtschaftliche Standorte überwiegend pleistozäne bindige Substrate zur Anwendung, die im Raum Halle-Leipzig verbreitet, jedoch in relativ geringmächtigen Schichten, im Raum Niederlausitz aber nur inselhaft angetroffen werden. Tertiäre Sedimente mit landwirtschaftlicher Eignung stehen im zuletzt erwähnten Gebiet häufig an, bewirken hingegen ein geringeres Ertragsniveau.

Es bedarf des Hinweises, daß die dargestellten Zusammenhänge nur als grobe Verallgemeinerung der tatsächlichen Verhältnisse aufgefaßt werden dürfen, da die technologische Basis der Wiederurbarmachung jedes Tagebaues sich von anderen unterscheidet und sehr viel komplexer wirkenden Faktoren, als sie hier vorgestellt werden konnten, unterworfen sind. Trotzdem erlaubt das wenige, zu Schlußfolgerungen über das Wesentliche zu gelangen, das sich hinter der Überschrift des Beitrages verbirgt:

1. Technik und Technologie der Abraumbewegung sind auf das engste mit der Wiederurbarmachungstechnologie verknüpft. Entscheidungen auf dem einen Gebiet ziehen sofort Konsequenzen für die andere Seite nach sich. Hiervon werden Investitionsumfang und Kostenhöhe der Kohlefreilegung und Wiederurbarmachung, Leistungsvermögen des Abraumbetriebes sowie die qualitativen und quantitativen Ergebnisse der Wiederurbarmachung betroffen.
2. Es erweist sich, daß mit steigender Leistungsfähigkeit der Technologien (Zug-, Band- und Förderbrückenbetrieb in zunehmender Reihenfolge) und mit wachsender Gerätegröße die Voraussetzungen für die Wiederurbarmachung tendenziell ungünstiger werden. Damit entstehen Schwierigkeiten, den Anforderungen der Intensivierung in den Abraumbetrieben und der Wiederurbarmachung gleichermaßen zu entsprechen.

Diesen Erkenntnissen wurde bereits in der Vergangenheit und Gegenwart dahingehend Rechnung getragen, in den Tagebauprozeß eine Reihe von Elementen und Vorgängen einzubauen, welche der Notwendigkeit geschuldet sind, Wiederurbarmachung zu betreiben. Hierzu gehören u. a.:

— die Einrichtung von Vorschnitten in Förderbrückentagebauen,
— das Unterbringen von Aufschlußabraum weitab vom Anfallort,
— ein leistungsbehinderndes Betriebsregime zur Gewährleistung des Selektivitätsprinzips.

Solche Maßnahmen ziehen in jedem Fall negative ökonomische Folgen für den Bergbaubetrieb nach sich, während die volkswirtschaftliche Nutzensrechnung natürlich andere Aussagen erbringen kann.

Welche Rückschlüsse sind daraus für den kommenden Zeitraum zu ziehen? Da sich die Nutzungsbedinungen von Braunkohenlagerstätten allein schon mit zunehmender Abraumüberdeckung verschlechtern werden, wächst die Kostenbelastung der Förderung, der durch Senkung der spezifischen Abraumkosten mit der verbreiteten Anwendung produktiverer Technologien entgegengewirkt werden muß. Hierzu gehören Bandförderung, Direktversturzkombinationen und leistungsstärkere Großgeräte wie z. B. der Schaufelradbagger SRs 6300 mit einer Tagesleistung von etwa 220000 m^3. Wie bereits erläutert, entstehen aus diesen Intensivierungsprozessen schlechtere Bedingungen für den selektiven Umgang mit ausgewählten Substraten, die die Grundlage der Wiederurbarmachung bilden. Die Übereinstimmung zwischen den beiden widersprüchlich erscheinenden Forderungen — die Vermeidung von Leistungseinschränkungen in den Abraumbetrieben und die Verbesserung der Wiederurbarmachung — läßt sich letztlich nur durch den Einsatz zusätzlicher Kapazitäten für die Wiederurbarmachung erzielen. Mit ihrer Hilfe sind z. B. bestimmte Vorgänge der selektiven Gewinnung und Verkippung sowie des Transportes aus dem Hauptleistungsbetrieb auszugliedern oder zusätzliche Maßnahmen nach der Verkippung zur Flächengestaltung vorzusehen.

In Anbetracht der Dimension des Braunkohlenbergbaus in der DDR wird deutlich, daß die Berücksichtigung der Wechselwirkungen zwischen Abraumtechnologie und Wiederurbarmachung in zunehmendem Maße eine volkswirtschaftliche Rangigkeit erfährt, da das Leistungsvermögen und die Ökonomie eines maßgebenden Industriezweiges, das landwirtschaftliche Ertragsvermögen in den bergbaubestimmten Bezirken sowie der Fondseinsatz beeinflußt werden. Bereits in der Vorbereitung von Tagebauen ist der Klärung der damit im Zusammenhang stehenden Fragen die gebührende Aufmerksamkeit zu widmen, um die notwendigen Entscheidungen, deren Wirksamkeit langfristig angelegt ist, fachlich ausreichend zu fundieren. Dazu sind seitens der zuständigen Staatsorgane Festlegungen getroffen worden.

Literatur

[1] HÄRTIG, H.: Lehrbrief für den Braunkohlenbergbau (7). Bergakademie Freiberg, 1956.
[2] STRZODKA, K. u.a.: Tagebautechnik, Bd. II. Dt. Verlag für Grundstoffindustrie, Leipzig 1980.

Dr. oec. ECKART HILDMANN
Dipl.-Ing. WOLFGANG SCHULZ
Vereinigte Mitteldeutsche
Braunkohlenwerke AG (MIBRAG)
O-4400 Bitterfeld

WIEDERBESIEDLUNG DER BERGBAUFOLGELANDSCHAFT DURCH BODENTIERE

Wolfram Dunger

1. Stand der Kenntnis

Die Erkenntnis, daß die Entwicklung von Böden nicht zuletzt auch ein biologischer Vorgang ist, schließt die Forderung ein, die Neubildung von Böden der Bergbaufolgelandschaft bodenbiologisch zu untersuchen. Die Bodenfauna ist hierbei mindestens aus Gründen ihrer besseren Indikationseignung im Langzeitbereich der bevorzugte Forschungsgegenstand (Majer, 1989). Seit 1955 wurden mindestens 50 verschiedene Standorte der ostdeutschen Bergbaufolgelandschaft bodenzoologisch untersucht, in einigen Fällen auch kontinuierlich über 25 Jahre (Dunger, 1987). Die Ergebnisse sind in mehr als 30 Publikationen niedergelegt. Hieraus können Erfahrungen verallgemeinert werden, die das Wiederbesiedlungsverhalten der wesentlichen Gruppen der Bodenmeso- und -makrofauna für die wichtigen Formen von Kipprohböden unter den vorrangig gegebenen Meliorations- und Rekultivierungsbedingungen betreffen. Da sich die untersuchten Standorte auf die Bergbaugebiete der Niederlausitz, der Oberlausitz und des Raumes südlich von Leipzig verteilen, können auch die Einflüsse der spezifischen regionalen und klimatischen Bedingungen und Voraussetzungen für die Immigration von Bodentieren eingeschätzt werden. Einer breiten Nutzung dieser Kenntnisse als Teil der Erfolgskontrolle von Maßnahmen der Wiedernutzbarmachung steht nichts im Wege, nachdem auch die methodischen Grundlagen leicht zugänglich geworden sind (Dunger, Fiedler, 1989). Tatsächlich hat aber die bodenzoologische Zustandsdiagnose in der Rekultivierungspraxis bis auf wenige Ansätze noch keinen Eingang gefunden. Die nachfolgende Übersicht berücksichtigt deshalb bevorzugt solche Erfahrungen, die eine Nutzung der pedozoologischen Resultate nahelegen und motivieren.

2. Besiedlungsablauf

Zum Ablauf der Besiedlung von Kippböden sind nur für die wesentlichen Gruppen der Bodenmakro- und -mesofauna generelle Aussagen möglich. Die Bodenmikrofauna (Protozoa, Nematoda) wurde bislang in diesem Zusammenhang fast nicht untersucht. Es steht allerdings zu erwarten, daß besonders die einzelligen Bodentiere wie die Bodenmikroflora entsprechend ihrer hohen Verbreitungs- und Vermehrungspotenz vorrangig eine momentane Situation widerspiegeln, d. h. nur eine Kurzzeit-Indikation erlauben.

Lumbricidae

Von den Regenwürmern wurden 11 Arten auf ostdeutschen Kippen und Halden nachgewiesen. Der wichtigste Erstbesiedler ist der Mineralbodenbewohner *Allolobophora caligi-*

nosa mit hoher Austrocknungs- und Säuretoleranz. An Standorten mit (vorübergehender) Streuansammlung kommen Arten der Gattung *Dendrobaena* hinzu, die im Gegensatz zu *A. caliginosa* nur einjährig sind, eine hohe Fertilitätsrate aufweisen und damit Dispersionsvorteile besitzen. Meist mit zeitlicher Verzögerung, aber mit erhöhter Intensität beteiligt sich *Lumbricus rubellus* am Streuabbau. Landwirtschaftlich rekultivierte Kipprohböden ohne betonte Humuswirtschaft bleiben sehr lange ohne Regenwurmbesiedlung. Zu den wichtigsten Sekundärbesiedlern zählen *Lumbricus terrestris* als Tiefgräber sowie *Octolasium lacteum* und *Allolobophora rosea* als Mineralbodenformen. Unter günstigen Bedingungen (Rekultivierung mit Laubhölzern) haben diese Arten nach 10 Jahren ihre Immigrationsphase beendet und in weiteren 5—10 Jahren stabile Populationen gebildet.

Was den konkreten Besiedlungsablauf anlangt, so ist zwischen der primären Einbringung im Zuge der Verkippung, Melioration oder Rekultivierung und der sekundären Immigration in bereits entwickelte Standorte zu unterscheiden. Auf Flächen mit Kulturbodenauftrag werden meist (zufällig!) einzelne Regenwürmer bereits mit dem Bodenmaterial eingebracht. Zu Details der Sukzession s. Dunger, 1991.

Diese, vor allem *Allolobophora caliginosa*, aber auch andere Arten, begründen in der Regel stabile primäre Populationen. Gleiches kann, wenn auch mit geringerer Wahrscheinlichkeit und Wirksamkeit, dort auftreten, wo diese Art oder auch *Lumbricus rubellus* und *Dendrobaena*-Arten bei forstlicher Rekultivierung mit Pflanzenmaterial — wiederum unbeabsichtigt und unkontrolliert — auf einen meliorierten Kipprohboden gelangen. Voraussetzungen für ein Überleben wenigstens der widerstandsfähigsten Art, *A. caliginosa*, sind nach experimentellen Untersuchungen (Dunger, 1968) das Abstumpfen der Säurefreisetzung bis minimal pH = 3,0 bis 3,5 in den oberen 50 Profilzentimetern, die Garantierung eines ausreichenden Nahrungsangebotes und die Verhinderung anhaltender Durchtrocknung der oberen 3 bis 5 Substratdezimeter. Die letztgenannten Bedingungen werden — mit Ausnahme von Kippböden mit Kulturbodenauftrag — am seltensten eingehalten. Das ist die Hauptursache dafür, daß sich dauerhafte Regenwurmpopulationen erst nach Sekundärimmigration in bereits weiterentwickelten Kippböden aufbauen können. Für landwirtschaftlich rekultivierte Kipprohböden ist dies ohnehin der einzige Weg der Besiedlung mit Regenwürmern.

Für die sekundäre Immigration kommt ebenfalls ein passiver Transport von Kokons oder Jungtieren durch Vögel, Säugetiere und den Menschen in Betracht. Die Wirksamkeit solcher Ansiedlungsmöglichkeiten ist nicht ausreichend geprüft. Sie dürfte aber kaum bedeutender sein als das aktive Ausbreitungsverhalten der Regenwurmarten. Diesbezüglich sind Arten mit hoher Fertilität (*Dendrobaena*) und mit parthenogenetischer Fortpflanzung (*Dendrobaena, Octolasium*) deutlich im Vorteil. Das Ausbreitungsvermögen durch aktive Lokomotion wurde unter den Bedingungen komplex meliorierter saurer tertiärer Kipprohböden auf jährlich 10 m für *Dendrobaena*, 4—5 m für *A. caliginosa* und *L. rubellus*, 2—3 m für *Octolasium lacteum* und nur 1,7 m für *L. terrestris* berechnet (Dunger, 1969). Auch unter günstigen Lebensbedingungen ist die aktive Lokomotion auf nicht mehr als das 10fache dieser Werte zu veranschlagen. Diese Fakten erklären wenigstens teilweise die Zeitverzögerung, die bei der Ansiedlung von Lumbriciden in der Bergbaufolgelandschaft real zu beobachten ist.

Die quantitative und qualitative Entwicklung der Regenwurmpopulationen wurde auf mit Laubhölzern (Erle, Pappel, Robinie) und Kiefer aufgeforsteten Halden des Tagebaues Berzdorf langfristig verfolgt. Unter günstigen Bedingungen können Primärbesiedler im Verlauf von 7 Jahren Populationen von maximal 10 g/m^2 Biomasse erreichen. Hinzukommende Sekundärbesiedler ermöglichen vom 10. Jahr ab polyspezifische Populationen in der Größenordnung von 40 g/m^2 (Abb. 1). Hieraus ergeben sich unter Laubgehölz 30 Jahre nach der Rekultivierung aus 6 Arten zusammengesetzte Regenwurmbesiedlungen mit über 80 g/m^2 Biomasse, die eine Mullhumusentwicklung als günstige Basis der beginnenden Bodenbildung garantieren (Standort A in Abb. 1).

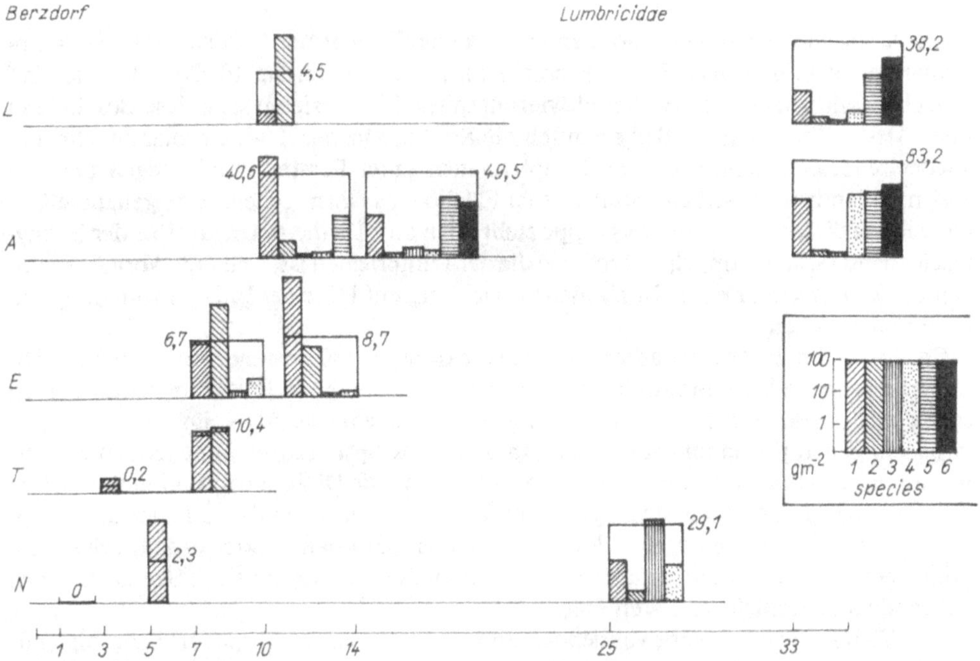

Abb. 1. Besiedlung pleistozäner Halden des Tagebaues Berzdorf durch Regenwürmer (Lumbricidae) über 33 Jahre. Haldenstandorte A, E, T, N mit Laubgehölzen, Standort L mit Kiefer aufgeforstet. Angaben in durchschnittlichen Biomassen (g/m^2) als Summe der Regenwürmer (Zahlen an den Jahresblocks) und der einzelnen Arten: 1 = *Allolobophora caliginosa*, 2 = *Dendrobaena octaedra*, 3 = *Octolasium lacteum*, 4 = *Allolobophora rosea*, 5 = *Lumbricus rubellus*, 6 = *Lumbricus terrestris* (nach Dunger, 1989b)

Unter Kiefernpflanzungen tendiert die Lumbricidenpopulation zu einem schwachen Bestand in der Größenordnung von 4—8 g/m^2 Biomasse, der fast ausschließlich aus Streubewohnern besteht. Bricht die Kiefernpflanzung, wie am hier untersuchten Beispiel (Standort L in Abb. 1) wegen fehlender Pflege zusammen und wird spontan durch Laubholzaufwuchs ersetzt, so stellt sich auch hier eine den Laubwaldbedingungen entsprechende Artengarnitur der Regenwürmer mit entsprechender Verzögerung ein. Laubholzaufforstungen, die von Anfang an mit gepflegten Fichten- und Kiefernaufforstungen umgeben sind, liegen offensichtlich innerhalb einer partiellen Immigrationsbarriere (Standort N, Abb. 1). Im hier dargestellten Fall war keine *Lumbricus*-Art in der Lage, den Koniferengürtel zu durchdringen und in die Laubholzinsel zu gelangen. Der Ausfall dieser großen Arten wurde von den 4 angesiedelten Arten anderer Gattungen nicht kompensiert. Die Besiedlung weist mit etwa 30 g/m² Biomasse nur 50% des Erwartungswertes auf. Die Folge ist ein Verharren dieser Fläche auf einem Moderhumusstatus mit verzögertem Streuabbau.

Übrige Makrofauna

Schneller als die Lumbriciden können die „kleinen Erdwürmer" (Enchytraeidae) Kippböden besiedeln und nach 3 Jahren bereits Siedlungsdichten um 10000 Individuen/m² erreichen. Mit zunehmendem Rekultivierungsalter differenzieren sich diese Bestände in ihrer Artstruktur. Auch werden sie durch die Konkurrenz der Regenwürmer zunehmend wieder reduziert. Biomassen um 2 g/m² können unter Forstrekultivierungen und um 1 g/m² in landwirtschaftlich rekultivierten Flächen als Norm gelten. Eine genauere Untersuchung dieser wichtigen Tiergruppe steht noch aus. Da die Artengarnitur der Enchytraeiden mindestens doppelt so groß wie die der Lumbriciden ist, sind gute Voraussetzungen zur Kennzeichnung der Kippbodenentwicklung mit Hilfe der Enchytraeidenpopulationen zu erwarten.

Spätestens im 2. Pionierstadium der Entwicklung von Kippstandorten gewinnen Dipterenlarven eine hohe produktionsbiologische Bedeutung. Ihre Wirkung sinkt jedoch später mit zunehmender Regulationsfähigkeit der Biozönose. Als weitere Saprophagen besiedeln Gastropoden und vor allem Diplopoden Kippstandorte, ohne jedoch wesentlich auf deren Humusdynamik einwirken zu können. Die Diplopoden sind indikatorisch verwendbar, da von ihnen ausgesprochene Erstbesiedler, Sekundärbesiedler und „kippenmeidende" Arten herausgestellt werden konnten (DUNGER, VOIGTLÄNDER, 1989). Isopoden gehören zu den extrem langsam immigrierenden Gruppen; sie fehlen gewöhnlich auf landwirtschaftlich genutzten Flächen.

Zur Vielzahl der kippenbewohnenden zoophagen Makroarthropoden kann hier nur auf die Literatur verwiesen werden (v. BROEN, MORITZ 1968; DUNGER, 1968, 1979; SCHIEMENZ, 1968; VOGEL, DUNGER, 1991). Als Primärbesiedler treten eurytope, photophile Arten der offenen Landschaft auf, die auf forstlich rekultivierten Standorten schrittweise von Arten der Gebüsche und Wälder ersetzt werden. Auch das Besiedlungsverhalten der mehr bodengebundenen und weniger artenreichen Chilopoda (DUNGER, VOIGTLÄNDER, 1989) wird durch charakteristische Primärbesiedler (*Lamyctes fulvicornis*) und Folgebesiedler sowie kippenmeidende Arten (alle Geophilomorpha) geprägt. Zusätzlich sind solche Arten bekannt, die auf Kippen und Halden nicht auftreten, obwohl sie in umliegenden vergleichbaren Wäldern häufig sind (z. B. *Lithobius mutabilis*).

Auf die Bodenentwicklung auf Kippen und Halden haben auch Kleinsäuger einen oft wesentlichen Einfluß. Bereits in 10jährigen Aufforstungen ist der Haldenboden auf weiten Flächen von einem Netzwerk der Gangsysteme von Wald-, Feld- und Rötelmaus „unterminiert". Die Wald- und Zwergspitzmaus sind in den Pionierstadien der Kippstandorte häufiger als in späteren Stadien anzutreffen.

Mit Ausnahme flugfähiger und stark laufaktiver Arten sind die Ansiedlungswege vieler Arten der Bodenmakrofauna durchaus noch ungeklärt. Hierzu gehört auch das Auftreten lokomotorisch wenig aktiver Arten, die aus der näheren Umgebung der Kippen und Halden bislang unbekannt waren, in nicht selten hoher Dichte, z. B. des Sandohrwurmes (*Labidura riparia*) auf fast vegetationsfreien sauren tertiären Kipprohböden.

Mikroarthropoden

Auf rekultivierungsfeindlichen Kippmassen sind Mikroarthropoden, besonders Collembolen und trombidiforme Milben, wichtige Pionierbesiedler in Dichten bis zu 5000 Individuen/m^2. Da andere bekannte Transportmechanismen entfallen, wie z. B. das Anheften von Jugendstadien kot- und aasbewohnender Milben oder auch von Nematoden an flugfähige Insekten, muß generell das Einwehen von Mikroarthropoden als „Luftplankton" als Besiedlungsweg angenommen werden. Für diese Deutung spricht auch der Befund, daß in Pioniersituationen Einzelexemplare von Arten angetroffen werden, die erst in wesentlich weiterentwickelten Stadien des Standortes in der Lage sind, zu überleben und beständige Populationen aufzubauen. Dieser ständige „Ansiedlungsdruck" ist die entscheidende Grundlage für die inzwischen vielfach bestätigte Arbeitshypothese, daß die Gemeinschaften (Synusien) von Mikroarthropoden gute Indikatoren der aktuellen biotischen Situation in den von ihnen besiedelten Habitatstrukturen sind. In der Regel ergeben sich enge Relationen zu Substrateigenschaften der Kippböden, zur Wirkung von Meliorations- und Rekultivierungsmaßnahmen und zur Gesamtentwicklung der Phyto-, Zoo- und Mikrobenzönose des Kippstandortes im gegebenen Entwicklungsstadium (Dunger, 1968). Untersuchungsmethodik, Taxonomie und Synökologie dieser Tiergruppen sind jedoch in einem solchen Grad kompliziert, daß ihre praktische Nutzung einstweilen auf Sonderfälle beschränkt bleibt (Dunger, 1989a).

Kippstandorte, die in landwirtschaftliche Rekultivierung genommen wurden, enthalten Mikroarthropoden in Siedlungsdichten zwischen 20000 und 150000 Individuen/m^2. Hierbei dominieren Collembolen und trombidiforme Milben, während Oribatiden (Hornmilben) zurücktreten (Dunger, 1979; Zerling, 1987). Mit Laubgehölzen aufgeforstete, nicht ausgesprochen toxische Kippböden bieten einer vielfältigen Mikroarthropodengemeinschaft gute Entwicklungsmöglichkeiten. Sobald nennenswerte Streumengen anfallen (und solange Lumbriciden noch nicht eingewandert sind), erreichen sie ein „Pioniermaximum" (etwa 120000 Individuen/m^2), an dem hier auch die Oribatiden bereits beteiligt sind. Die aufkommende Konkurrenz durch die saprophage Makrofauna reduziert die Mikroarthropoden bald wieder auf 20—25% dieser Dichten, die bei ungestörter Entwicklung desselben Standortes erst nach etwa 20 bis 25 Jahren erneut erreicht werden. Wieder anders verläuft die Entwicklung in Aufforstungen mit für Regenwürmer ungünstiger Streubildung (hohe Tanningehalte u. a.). Vor allem in dem hier gebildeten Moderhumuslagen finden sich im 10. Jahr unter Kiefer Mikroarthropodendichten von 120000/m^2, im 33. Jahr sogar 275000/m^2, unter Eiche noch 50 Jahre nach der Bestandesbegründung 238000/m^2 (Dunger, 1979, 1987). Hieran sind Oribatiden in hohem Maße, aber zunehmend auch die räuberischen parasitiformen Milben beteiligt.

3. Wechselwirkungen innerhalb der Bodenfauna

Die Mannigfaltigkeit der Bodenfauna wurde bislang nur angedeutet. In einer 25jährigen Laubholzpflanzung auf Kippboden muß man mit etwa 1000 verschiedenen bodenlebenden Tierarten rechnen, die zu 90% nur mikroskopisch und durch hierauf spezialisierte Bearbeiter determiniert werden können. Auf landwirtschaftlich rekultivierten Flächen ist immerhin noch 1/3 dieser Artenzahlen zu erwarten. Hieraus erklärt sich das Bestreben, die pedozootischen Verhältnisse auf der Grundlage nur einer ausgewählten (dem Bearbeiter zufällig gut bekannten) Tiergruppe zu beschreiben. Die offensichtliche Einseitigkeit dieses Vorgehens kann auch dadurch nicht genügend ausgeglichen werden, daß durch grobe Zusatzuntersuchungen die am Standort gegebenen, die Prüfgruppe betreffenden Räuber-Beute-Beziehungen und das spezifische Ausbreitungsvermögen der gefundenen Arten wenigstens orientierend mit berücksichtigt werden. Von hoher Bedeutung für die Entwicklung von Bodentiergemeinschaften der Kippböden sind weiterhin nicht nur Raumkonkurrenz und Wettbewerb um gleiche Nahrungsquellen, sondern auch die spezifischen Einflüsse, die eine konkrete Tiergruppe auf den Gesamtablauf des Abbaues organischer Stoffe ausübt. Dies äußert sich u.a. in der gleichzeitigen Förderung oder Hemmung bestimmter Teile des Mikroorganismenkomplexes und in der Änderung der Mikro- und Mesostruktur der Bodenauflage und des oberen Bereiches des Kippbodens. Um die Gesetzmäßigkeiten dieses komplexen Geschehens verstehen zu lernen, sind ausreichend viele (aufwendige!) Beispieluntersuchungen auszuwerten. Die Ergebnisse einer solchen Studie seien hier summarisch dargestellt.

Für einen quantitativen Vergleich verschiedener Gruppen von Bodentieren, z. B. Milben und Regenwürmer, sind Individuenzahlen und sogar Biomassen als Maßeinheiten nicht brauchbar, weil die ökophysiologische Bedeutung dieser Einheiten nicht äquivalent ist. Eine Möglichkeit, wenigstens ähnliche Ernährungs-Lebensformen verschiedener Körpergröße miteinander vergleichen zu können, bietet die Berechnung der durchschnittlichen Atmungsäquivalenzen ($\overline{RE}$) nach

$$\overline{RE} = \overline{B} \cdot \frac{Y}{X} \cdot 10^4,$$

wobei $\overline{B}$ die durchschnittliche Hygromasse in g/m^2, Y den O_2-Verbrauch in ml O_2 je Individuum und Stunde (10 °C, Laborbedingungen) und X die durchschnittliche Hygromasse des Individuums in µg bedeutet (Details s. DUNGER, FIEDLER, 1989).

Auf dieser Grundlage sind in Abb. 2 die Trendlinien der wichtigsten saprophagen Tiergruppen der Mikroarthropoden, der Makroarthropoden (hier vorwiegend Dipterenlarven und Diplopoden) und der Lumbriciden für einen konkreten Standorttyp des Tagebaubereiches Berzdorf bei Görlitz über 33 Jahre dargestellt. Es handelt sich um aus vorwiegend frühpleistozänem Mischmaterial mit Lößlehmanteilen aufgeführte Halden, die mit *Alnus, Populus* und *Robinia* aufgeforstet und mit Untersaat von *Melilotus* und *Lupinus* versehen wurden. Die dargestellten Werte beziehen sich auf den Standort A (siehe Abb. 1), ergänzt durch Werte für Pionierjahre der Standorte N, T und E, die mindestens in der Startphase untereinander gut vergleichbar sind.

Die guten Wuchsbedingungen ermöglichten einen raschen Aufwuchs der Baumstecklinge zum Buschstadium innerhalb der ersten 3 Jahre, verbunden mit einer vollen Bodendeckung durch die eingebrachten Staudenpflanzen. Der mikrobielle Abbau der rasch anwachsenden Streulage erfolgte hier vorwiegend durch Pilze (DUNGER, 1968).

Diese Verhältnisse begünstigten bereits im 3. bis 4. Jahr nach der Aufpflanzung die schnelle Entwicklung eines „Pionieroptimums“ der Bodenfauna, das vor allem von mykophagen Mikroarthropoden, saprophagen Dipterenlarven und Diplopoden getragen wird. Für deren raschen Zusammenbruch bis zum 10.—15. Jahr können weder eine plötzliche Änderung der Vegetationsdecke noch interne Faktoren innerhalb der Populationen

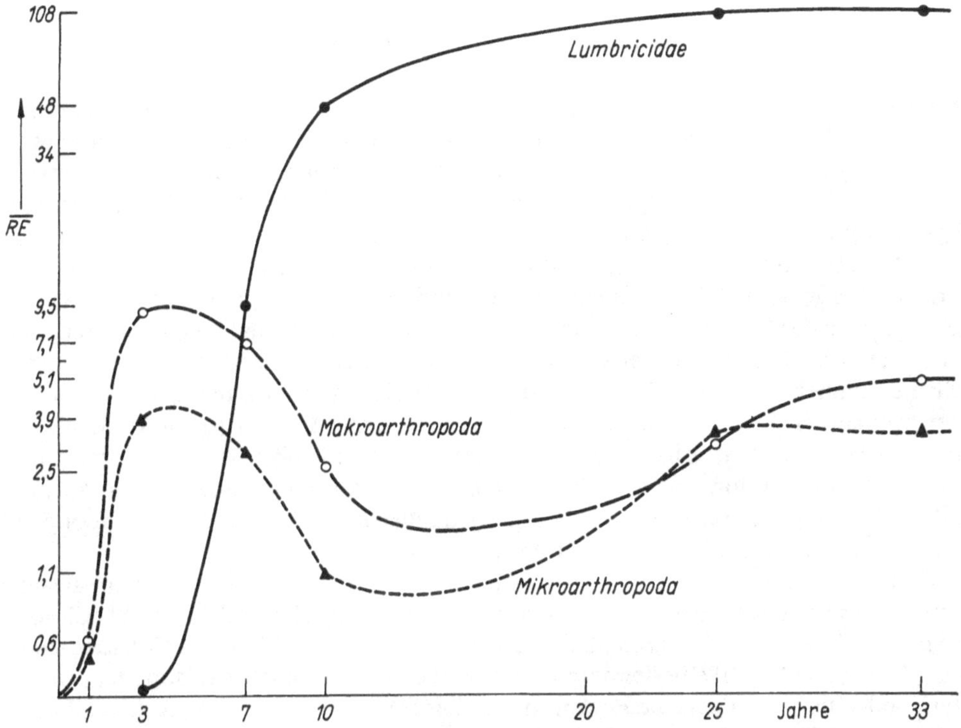

Abb. 2. Entwicklung der Regenwürmer (Lumbricidae), Makroarthropoden und Mikroarthropoden auf mit Laubgehölzen aufgeforsteten Haldenstandorten des Braunkohlentagebaues Berzdorf, gemessen als Atmungsäquivalenzen (RE). Erläuterungen s. Text.

der Mikro- und Makroarthropoden verantwortlich gemacht werden. Die Ursache ist vielmehr im Anwachsen der Leistungsfähigkeit der Lumbricidenbesiedlung (zunächst mit *Allolobophora caliginosa* und *Dendrobaena octaedra*) zu suchen. Unter deren Einfluß wurde der Pilzmoder der Streuauflage schnell abgebaut und der Wandel zu einer vorwiegend bakteriell gesteuerten Mull-Humusbildung eingeleitet. Die Rückwirkungen auf die Mikroarthropodengemeinschaften lassen sich am Beispiel der Collembolen näher darlegen. Sie äußern sich in einem deutlichen Wechsel der dominierenden Lebensformen von mykophagen Pionierarten mit hoher Vermehrungsrate in vorwiegend sapro- und bacteriophage Lebensformen mit geringerer Fekundität, aber stärkerer Anpassung und damit höherem Konkurrenzvermögen. Bei einigen dieser Arten ist auch nicht auszuschließen, daß ein geringeres Ausbreitungsvermögen für den hohen Zeitbedarf beim Neuaufbau entsprechender Populationen und Gemeinschaften eine Rolle spielt. Ähnliche Verhältnisse sind auch für die anderen, in Abb. 2 unter Makroarthropoda und Mikroarthropoda subsummierten Tiergruppen anzunehmen, obwohl nur für wenige (besonders Myriapoda) bislang geprüft und bestätigt.

4. Wiedernutzbarmachung und Bodenfauna

Stimulierung der Bodenfauna

Spätestens seitdem Bal (1982) die Bedeutung der zootischen Aktivität für den Verlauf der Bodenentwicklung unter dem Begriff der zootischen Reifung (zoological ripening) umfassend dargelegt hat, kann die Besiedlung der Bergbaufolgelandschaft durch Bodentiere nicht mehr als interessante Begleiterscheinung von allenfalls indikatorischer Bedeutung abgetan werden. Daß ein Praktiker Mißerfolge nicht zu deuten vermag, die u. a. durch fehlende Entwicklungsbedingungen für entscheidende Teile der Bodenfauna verursacht werden, ist in keiner Weise verwunderlich. Bedenklicher ist es aber, daß die theoretischen Konzeptionen der Wiedernutzbarmachung keine konkreten Maßnahmen ausweisen, die bewußt auf die Stimulierung der Bodenfauna ausgerichtet sind. Die hierfür wichtigsten Schritte stimmen allerdings mit den allgemein zur Förderung des Pflanzenwachstums nötigen überein: (1) Die Stabilisierung des Wasserhaushaltes (Schutz gegen Verdunstung und Erhöhung der Wasserhaltekraft), (2) Anreicherung mit Nährstoffen (Einbringung oder rasche Produktion von organischer Substanz) und (3) physiologische Entgiftung und Bekämpfung der physiologischen Flachgründigkeit der Kipprohböden (besonders Säureabpufferung bis mindestens —50 cm).

Die hier kurz dargestellten Ergebnisse zeigen, daß viele Bodentiergruppen ein ausreichendes Ausbreitungspotential aufweisen, um die Bergbaufolgelandschaft überall dort rasch zu besiedeln, wo die Minimalanforderungen für ihr Überleben gewährleistet sind. Das gilt aber nicht für alle Bodentiergruppen. So benötigen Schnecken, Isopoden, einige Myriapoden und besonders die Regenwürmer längere Zeiträume und begünstigende Bedingungen für ihre Ansiedlung. Welche Rückwirkungen für Tempo und Richtung der Bodenentwicklung hiermit verbunden sind, konnte hier nur angedeutet werden. Technologien für die mechanisierte Ausbringung solcher besiedlungsschwacher Bodentiere z. B. auf Kippböden wurden kürzlich ausgearbeitet (s. Dunger, Fiedler, 1989).

Bodentiere als Anzeiger der Entwicklung von Kippböden

Das (aufwendige) Studium der Bodenfauna erlaubt, Entwicklungsstufen von Kippstandorten zu charakterisieren, die zwar mit den Ergebnissen bodenkundlicher oder vegetationskundlicher Untersuchungen korrelieren, aber keinesfalls mit diesen identisch oder gleichbedeutend sind. Wie an verschiedenen Beispielen dargelegt (Dunger, 1968, 1979, 1987; Zerling, 1987), gestatten pedozoologische Befunde in bestimmtem Umfang Voraussagen über Entwicklungstrends sowie zu erwartende Entwicklungshemmungen von Kippstandorten.

Als Basis solcher Aussagen wurden hier im wesentlichen Beispiele der Quantifizierung der Siedlungsdichte bzw. des Leistungspotentials bestimmter Faunengruppen bzw. Lebensformen erwähnt. Zusätzliche Informationen sind nur über die qualitative Analyse ausgewählter Gruppen zu gewinnen. So lassen beispielsweise die Repräsentanzen auffälliger Collembolenarten auf Kippstandorten der Niederlausitz erkennen, daß landwirtschaftliche Inkulturnahme den Bestand dieser Arten zunächst wenig verändert. Die nähere Prüfung ergibt (Dunger, 1979), daß weder die Art der Rekultivierung oder die Kippbodenqualität noch das Rekultivierungsalter oder auch die alpha-Diversität der

Gesamtheit der Collembolen eine Voraussage darüber erlauben, welche Art an einem konkreten Standort dominierend auftritt. Antwort hierauf — und die Möglichkeit zu Rückschlüssen, die keine Zirkelschlüsse sind — erhält man nur über die genaue Kenntnis der Ökophysiologie der beteiligten Arten. Das hierfür erforderliche Grundwissen muß für fast alle Bodentiere — im Gegensatz zu vielen anderen Organismengruppen — erst aktuell mühsam zusammengetragen und zum nicht geringen Teil noch erforscht werden. Hierin liegt heute noch ein wesentliches Hemmnis für die Anwendung pedozoologischer Analysen.

Um diese Probleme zu umgehen, ist es seit Jahren üblich geworden, Faunenteile (Taxozönosen) verschiedener Standorte auf der Basis von Formeln zu vergleichen, die meist nur die Artenzahlen, im günstigeren Fall auch die Siedlungsdichten berücksichtigen. Beruhen solche Indices auf einer ökologisch richtigen Erfassung der Dichten und einer zuverlässigen taxonomischen Erkennung und ökologischen Wertung der Arten, so sind sie ein brauchbares Mittel zur übersichtlichen Demonstration von Sachverhalten. Als ein Beispiel hierfür zeigt Abb. 3, daß sich die an der Bodenoberfläche lebenden Gemeinschaften der Mikroarthropoden im Verlauf der Kipprekultivierung anders verhalten als die Gemeinschaften des Bodeninneren. Erstere werden vorrangig von der aktuellen Vegetationsdecke, die letztgenannten dagegen von den mineralischen und Struktur-Eigenschaften des Bodenkörpers beeinflußt, haben also in Kulturbodenauftrag eine völlig andere Zusammensetzung als in Kippböden. Erst sekundär wirkt sich aus, ob und wie diese melioriert und rekultiviert wurden.

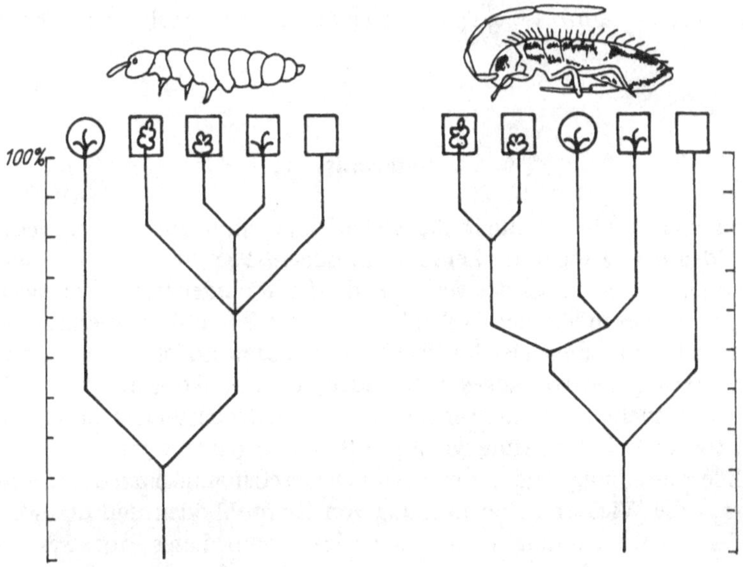

Abb. 3. Ähnlichkeit von Collembolen-Gemeinschaften (auf der Grundlage des Homogenitätsindex nach Riedl) des euedaphischen (links) und des epedaphischen Stratums (rechts) auf alttertiären Kipprohböden des Braunkohlentagebaues Böhlen (nach Dunger, 1989 b)
○ mit Kulturbodenauftrag ☐ ohne Kulturbodenauftrag
mit landwirtschaftlicher Rekultivierung
mit Grundmelioration und Laubgehölzaufforstung

Betrachtet man die in Abb. 3 verglichenen Stratozönosen im Zeitablauf, so wird ein weiteres Phänomen der Besiedlung von Kippböden durch Tiere deutlich. Der Wechsel abgrenzbarer Gemeinschaften der die Streu und die Bodenoberfläche bewohnenden Mikroarthropoden (epedaphische Taxo- Stratozönosen) vollzieht sich etwa im gleichen Rhythmus wie die zeitliche Abfolge der Pflanzengesellschaften der Vegetationsdecke. Die euedaphischen Taxo-Stratozönosen des Bodeninneren ändern sich wesentlich langsamer. Ihre Entwicklung kann als Maßstab der Bodenentwicklung, des "zoological ripening" gelten. Das Zurückbleiben der euedaphischen Stratozönosen kann sich auf 2 bis 3 Entwicklungsstadien der Vegetation ausdehnen und ermöglicht, kommende Rückschläge und Verzögerungen im Rekultivierungserfolg (BRÜNING, UNGER, DUNGER, 1965) zu diagnostizieren.

5. Schlußfolgerungen

Vorrangiges Ziel der Wiedernutzbarmachung der Bergbaufolgelandschaft ist es, deren natürliche Vielfalt schrittweise wieder zu erhöhen, die Flächen biologisch zu stabilisieren und ihre Produktivität neu zu entwickeln. Hierzu ist es vordringlich, einen Kreislauf der Nährstoffe in Gang zu bringen und die wesentlichen hierfür erforderlichen biologischen Rückkopplungsmechanismen zu ermöglichen und zu fördern. Aus dieser Sicht verdient die biologische Entwicklung der Kippböden eine vorrangige Beachtung. Trotz aller methodisch heute noch unvermeidbaren Aufwendungen ist die bodenzoologische Kontrolle und Stimulierung dieser Prozesse ein praktisch günstiger und erfolgversprechender Weg.

6. Zusammenfassung

Die Besiedlung von Kippböden durch die Bodenfauna wurde auf 50 verschiedenen ostdeutschen Halden bzw. Kippen im Zeitraum zwischen 1955 und 1987 untersucht. Vorrangig liegen Auswertungen über das Verhalten der Lumbriciden (Regenwürmer) und der Mikroarthropoden (besonders der Collembolen) vor. Weitere Bodentiergruppen befinden sich noch in Bearbeitung. Der höchste Erkenntnisgewinn ist aus der individuellen Verfolgung des Besiedlungsvorganges auf Halden des Braunkohlentagebaues Berzdorf (Kreis Görlitz) über mehr als 25 Jahre abzuleiten. Er betrifft besonders das Ausbreitungsverhalten der für die Rekultivierung wichtigen Bodentiergruppen und die Bedingungen für deren stabile Ansiedlung. Hieraus ergeben sich Gesetzmäßigkeiten des Einflusses der Bodenfauna auf die Wiedernutzbarmachung von Kipprohböden und der Wechselwirkung von Teilen der Bodenfauna untereinander im Verlauf dieses Prozesses. Die pedozootische Besiedlung von Kippen und Halden verläuft in den verschiedenen Strata der sich neu bildenden Böden deutlich asynchron. Unter bestimmten Bedingungen spielt die zootische Stimulierung der Rekultivierung von Kipprohböden eine bedeutende Rolle. Generell können Entwicklungsbedingungen und Entwicklungsstufen von Kipprohböden mit Hilfe der pedozoologischen Diagnose sowohl bei forstlichen als auch bei landwirtschaftlichen und kombinierten Rekultivierungsverfahren charakterisiert werden.

Literatur

Bal, L. (1982): Zoological ripening of soils. Agricult. Res. rep. 850, Wageningen, 365 S.
Brüning, E., H. Unger, W. Dunger (1965): Untersuchungen zur Frage der biologischen Aktivierung alttertiärer Rohbodenkippen des Braunkohlentagebaues in Abhängigkeit von Bodenmelioration und Rekultivierung. Z. Landeskultur 6, 9—38.
Broen, B. von, M. Moritz (1965): Spinnen (Araneae) und Weberknechte (Opiliones) von einer tertiären Rohbodenkippe im Braunkohlenrevier Böhlen. Abh. Ber. Naturkundemus. Görlitz 40, 6, 1—15.
Dunger, W. (1968): Die Entwicklung der Bodenfauna auf rekultivierten Kippen und Halden des Braunkohlentagebaues. Ein Beitrag zur pedozoologischen Standortsdiagnose. Abh. Ber. Naturkundemus. Görlitz 43, 2, 1—256.
— (1969): Fragen der natürlichen und experimentellen Besiedlung kulturfeindlicher Böden durch Lumbriciden. Pedobiologia 9, 146—151.
— (1979): Bodenzoologische Untersuchungen an rekultivierten Kippböden der Niederlausitz. Abh. Ber. Naturkundemus. Görlitz 52, 11, 1—19.
— (1987): Zur Einwirkung von Kahlschlag, Grundwasserabsenkung und forstlicher Haldenrekultivierung auf die Boden- Makrofauna, insbesondere Regenwürmer. Abh. Ber. Naturkundemus. Görlitz 60, 1, 29—42.
— (1989a): Bodenbiologische Aspekte der Bodennutzung. Abh. Sächs. Akad. Wiss. Math.-nat. Kl. 56, 4, 67—75.
— (1989b): The return of soil fauna to coal mined areas in the German Democratic Republic. In: Majer, J. (ed.), Animals in Primary Succession. The role of fauna in reclaimed land. Cambridge Univ. Press 1989; 307—337.
— , H. J. Fiedler (1989): Methoden der Bodenbiologie. Fischer, Jena 1989.
— , K. Voigtländer (1989): Succession of myriapoda in primary colonization of reclaimed land. In: Minelli, A. (ed.), Progress of 7th International Congress of Myriapodology. Amsterdam 1989, 141—146.
— (1991): Zur Primärsukzession humiphager Tiergruppen auf Bergbauflächen. — Zool. Jahrb. Syst. 118 (im Druck).
Majer, J. D. (1989): Animals in Primary Succession. The role of fauna in reclaimed land. Cambridge Univ. Press 1989.
Schiemenz, H. (1964): Zikaden (Homoptera Auchenorrhyncha) von einer tertiären Rohbodenkippe des Braunkohlentagebaues Böhlen. Abh. Ber. Naturkundemus. Görlitz 39, 16, 1—8.
Vogel, J., W. Dunger (1991): Carabidae und Staphylinidae als Besiedler rekultivierter Tagebau-Kippen in Ostdeutschland. Abh. Ber. Naturkundemus. Görlitz 65, im Druck.
Zerling, L. (1987): Zur Wiederbesiedlung einer landwirtschaftlich genutzten Kippe des Braunkohlentagebaues durch bodenbewohnende Kleinarthropoden unter besonderer Berücksichtigung der Springschwänze (Insecta, Collembola). Diss. MLU Halle-Wittenberg.

Prof. Dr. habil. Wolfram Dunger
Staatliches Museum für Naturkunde Görlitz — Forschungsstelle —
PSF 425
O-8900 Görlitz

AUFGABEN UND PROBLEME BEI DER GESTALTUNG VON BERGBAUFOLGELANDSCHAFTEN AUS DER SICHT DES NATURSCHUTZES

DIETMAR WIEDEMANN

1. Einfluß des Braunkohleabbaues auf die ökologischen Bedingungen in den Bergbaugebieten

Die für den Naturschutz in Bergbaugebieten abzuleitenden Maßnahmen können nur aus der Analyse der sich vollziehenden Wandlung der ökologischen Bedingungen infolge Bergbautätigkeit, Kohleveredlung und allgemein stattfindender Intensivierung aller Flächennutzungen im Territorium abgeleitet werden. Dabei läßt sich die Gefährdung der Arten- und Formenmannigfaltigkeit auf zwei Ursachenkomplexe zurückführen. Es sind:

1. die zunehmende Zerstörung der natürlichen Lebensräume,
2. die Anreicherung von Umweltgiften in den Ökosystemen.

Beide Trends führen mit der Ausdehnung des Braunkohleabbaues auf direktem und indirektem Wege zunehmend zur Vernichtung ganzer Biozönosen (nicht mehr nur einzelner Arten!) und schließlich auch zur Beeinträchtigung der Umweltkapazität und -qualität der Menschen.

Um die Tagebaue bauen sich verschiedene ökologische Einflußzonen auf, die in unterschiedlicher Art und Intensität auf die ökologische Situation der Bergbaugebiete Einfluß nehmen. Einer totalen Zerstörung bzw. Wandlung unterliegen in den Devastierungs- und Abbaugebieten z. B. Boden, Relief, Klima- und Wasserhaushalt, alle Mikroorganismen des Bodens, Pflanzen und sessilen Tierarten (einschließlich der Tiere im Ei-, Larven-, Nestlings- und Überwinterungsstadium) sowie das natürlich und historisch gewachsene Landschaftsbild. In den Bezirken Cottbus und Leipzig werden davon bis nach Beendigung des Braunkohleabbaues weit über 20% der jeweiligen Bezirksfläche betroffen sein.

Im Anschluß an die Abbaufelder erstreckt sich eine etwa 1 bis 2 km breite Zone der intensiven technogenen Beeinflussung, in der Baumaßnahmen, Kohle- und Abraumtransporte, Schichtverkehr, Sprengarbeiten, Rodungen u. a. zur Desorganisation und weitgehenden Auflösung bisher intakter Populationen und Biozönosen führen. Überlappt wird dieser Bereich von einer etwa 3 bis 5 km breiten Grundwasserabsenkungszone. Hier werden schon vor Beginn des Abbaugeschehens alle Gewässer- und Feuchtökosysteme (wie Weiher, Moore, Brüche, Grünland, Auen) über mehrere Jahrzehnte so nachhaltig beeinflußt, daß ihre Regeneration im allgemeinen nicht mehr möglich ist. Im Bezirk Cottbus sind von der bergbaubedingten Grundwasserabsenkung etwa 40% der Bezirksfläche betroffen.

Bis etwa 30 km breit ist die Zone der intensiven Meliorationstätigkeit in den angrenzenden landwirtschaftlichen Nutzökosystemen. Die verstärkten Aktivitäten ergeben sich aus dem Einsatz zweckgebundener Mittel, die den Landwirtschaftsbetrieben für bergbaubedingte Wirtschaftserschwernisse gesetzlich zu gewähren sind. Die Erfahrungen zeigen, daß hier wertvolle Biotope, die für die spätere Wiederbesiedlung der Bergbaufolgelandschaft eine hohe Bedeutung besitzen, stärker als anderswo beseitigt, irreversibel geschädigt oder isoliert werden. Damit ist eine optimale Wiederbesiedlung besonders durch alle wenig ausbreitungsfähigen Arten weitgehend unterbunden. Gerade aber diese Arten stellen ein wichtiges Glied in der Nahrungskette, d. h. für den Neuaufbau stabiler Biozönosen dar.

Infolge der regionalen Konzentration der Tagebaufelder überlappen sich diese ökologischen Einwirkungszonen z. T. mehrfach und verstärken damit ihre Negativwirkung. So bleibt auch der größte Teil der bereits wieder urbar gemachten Tagebaufelder noch über Jahrzehnte im Einflußbereich der Wasserabsenkung sowie der negativen Staub- und Klimabeeinflussung der randlich betriebenen Tagebaue, so daß der Rekultivierungseffekt und die Wiederbesiedlung durch Flora und Fauna auch bei bester Flächenvorsorge nicht voll zur Entfaltung kommen kann.

Der stattfindende Landschaftswandel in den Braunkohleabbaugebieten hat noch weiterreichende Auswirkungen für den Naturschutz. So werden trotz der gegebenen technischen Möglichkeiten die großen, bisher landschaftsprägenden Ökosysteme, wie die typischen Heidemoore und Trockenheiden der Lausitz, die Naß- und Feuchtgrünlandstandorte oder die Auenwälder und Flußläufe des Leipziger Abbaugebietes nicht wieder neu entstehen. Mit dem Verschwinden solcher „Problemstandorte" (aus der Sicht der Folgenutzer) wird sich der Gefährdungsgrad dieser Ökosystemtypen einschließlich ihrer Spitzenarten weiter erhöhen. Stellvertretend seien Auer- und Birkwild, Schwarzstorch, Korn- und Wiesenweihe, Sumpfschildkröte, Uferschnepfe, Brachvogel genannt.

Die gegenwärtig von den land- und forstwirtschaftlichen Nutzern geforderte „Ziel-Landschaft" zeigt flächendeckend ein sehr einförmiges Bild. Solche „Kulturlandschaften" entsprechen zwar allen technologischen Anforderungen, aber keinesfalls der ökologischen und ästhetischen Notwendigkeit. Extreme Klimabedingungen, Wassermangel, Staubstürme auf den Rekultivierungsflächen und jährlich auftretende Brände in den Kiefernmonokulturen der Lausitz sind Ausdruck für bestehende Standortlabilität, biotische Armut, Etragsdepressionen und Verzögerung des Rekultivierungseffektes.

Seit etwa 1988 gibt es in den Bergbaufolgelandschaften der Kreise Senftenberg und Hoyerswerda gute Beispiele, in denen Wiedervernässungen auf den Rekultivierungsflächen nicht mehr der Bergschadensregelung zum Opfer fallen, sondern als wichtige (einzige) Laichhabitate und Wildtränken sinnvoll umgestaltet werden. Das ist ein erster Schritt, wenn auch unplanmäßig und ungenügend, zur Durchsetzung des Naturschutzgedankens. Leider mangelt es immer noch an der Bereitschaft vieler Folgenutzer, klammert man einmal die Windschutzpflanzungen aus, Biotopflächen (Weiher, Trockenrasen, Wege- und Waldsäume, flächige Feldgehölze, ...) planmäßig in ihre Rechtsträgerschaft zu übernehmen. Damit werden wichtige stabilisierende Gratiskräfte der Natur nicht in Anspruch genommen, die auf andere Weise von der Gesellschaft und auch vom Folgenutzer mit hohem Kosten- und Energieaufwand erkauft werden müssen. Wir müssen besser deutlich machen, daß Ertragshöhe und -stabilität, Ressourcenschutz, Arten- und Formenmannigfaltigkeit, gesunder Klima- und Wasserhaushalt, landschaftliche Vielfalt sowie effektive Produktion eine Einheit bilden, die uns allen dauerhaften Nutzen bringt.

Die bisherigen Naturschutzgebiete in der Bergbaufolgelandschaft sind ohne Ausnahme aus „Mängelflächen" des Bergbaues hervorgegangen. Dabei handelt es sich vorwiegend um stark rutschungsgefährdete Gebiete, mindere Substratqualitäten oder wiedervernäßte Bereiche, die nicht in das Nutzungskonzept der produktiven Folgenutzer paßten. Gemeinsam ist allen Naturschutzgebieten, daß sie trotz ihrer Unplanmäßigkeit eine hohe Eignung für die Ansiedlung und die Reproduktion vorwiegend gefährdeter stenöker Arten haben. Charakteristisch ist aber auch ihre hohe Anfälligkeit gegenüber Fremdeinwirkungen und ihre teilweise Abhängigkeit von anthropogenen Eingriffen, insbesondere zur Regelung des Wasserhaushaltes sowie der Wasserqualität.

2. Planungsgrundsätze und Aufgaben zur Wiederherstellung der Arten- und Formenmannigfaltigkeit

Im Rahmen der komplexen Planung von Bergbaufolgelandschaften ist die zielgerichtete Wiederherstellung der Naturschutzfunktion in landschaftsweiten Dimensionen ein objektives gesellschaftliches Erfordernis, das

— insbesondere die Naturschutzplanung als Aufgabengebiet selbständig und gleichrangig neben die Fachplanung der Land-, Forst-, Wasserwirtschaft und Erholung stellt,
— gleichzeitig den Schutz der Arten und ihrer Lebensräume als eine wichtige Teilaufgabe innerhalb der land-, forst- und wasserwirtschaftlichen Standortplanung und -nutzung ausweist.

Zur Absicherung der Artenschutzfunktion in Bergbaufolgelandschaften ist ein qualitativ neuer, wirksamerer Ansatz als bisher notwendig. Dazu einige Rahmenbedingungen:

1. Eine grundlegende Voraussetzung für den Erfolg der Maßnahmen ist die Einbeziehung der gesamten Bergbaufolgelandschaft einschließlich ihrer Randgebiete in das Artenschutz-Konzept,

— weil etwa 70% der Arten als ökosystemübergreifende Elemente der Landschaft nur in dieser existieren können und dauerhaft nicht in begrenzten Reservaten zu erhalten sind,
— weil für einen großen Teil der Arten und damit der sie begleitenden Biozönosen die ökologische und ökonomische Notwendigkeit einer „landschaftsweiten" Präsenz besteht. Das trifft z. B. zu
  - für Arten mit einer hohen Stabilisierungs- und Indikatorfunktion für die land- und forstwirtschaftliche Produktion (z. B. die biologische Schädlingsbekämpfung, die Bestäubung, die Stabilisierung der Bodenfruchtbarkeit, die Züchtung neuer und resistenter Sorten),
  - für Arten mit einem hohen wissenschaftlichen, ästhetischen und erzieherischen Wert für die Forschung, die Bildung und Freizeitbeschäftigung der Menschen.

2. Daraus läßt sich ableiten, daß Artenschutz, ästhetische Gestaltung und Produktion als eine Einheit im Rahmen der komplexen Gestaltung von Bergbaufolgelandschaften zu betrachten sind.

Dieses Konzept ist eine Entscheidung für die Mehrfach- bzw. Mehrzwecknutzung von Bergbaufolgelandschaften mit allen Vor- und Nachteilen für die Produktion und den Artenschutz, für die es in allen Ländern mit intensiver Flächennutzung und begrenztem Bodenfonds keine andere Alternative gibt. Im Rahmen der Planung neu zu gestaltender Bergbaufolgelandschaften gibt es gute Möglichkeiten, durch entsprechende Flächen- und Funktionskombinationen bzw. -zuweisungen sich positiv ergänzende Nutzungen zu fördern und konkurrierende oder negative Wirkungen auszuschalten.

3. Basis für eine umfassende und stabile Floren- und Faunenentwicklung ist ein vielfältiges und optimal bemessenes Standortangebot. Der Grundstein für die gewünschte Ökosystementwicklung ist während der bergbaulichen Wiederurbarmachung zu legen und in der Rekultivierungsphase zu vervollständigen (z. B. Flurgehölzpflanzungen, Gestaltung von Wald- und Gewässersäumen). Zu den Grundvoraussetzungen gehören auch territorial-planerische Auflagen für eine landschafts- und nutzungsgerechte Wald-Feld-Gewässer-Verteilung.

4. Das Artenschutz-Konzept muß alle für die Bergbaugebiete potentiell möglichen Arten der Flora und Fauna berücksichtigen. Keine Art ist durch menschliches Verschulden dem Aussterben preiszugeben.

5. Planungsziel und -maßstab ist die Wiederansiedlung stabiler Populationen auf den ehemaligen Bergbauflächen und/oder die Stabilisierung von Populationen der Bergbaurandgebiete (Angebot spezieller Habitattypen).

6. Da die meisten Populationslebensräume und Habitatflächen für die Fauna höherer Ordnung nicht in einer zusammenhängenden Fläche abzusichern sind, müssen genügend große Habitate in einem Verbundsystem angeboten werden, so daß diese für die Individuen einer Art zur Aufrechterhaltung ihrer elementaren Lebensabläufe ohne Schwierigkeiten optimal erreichbar sind.

Für den Neuaufbau eines artenschutzwirksamen Flächensystems in Bergbaufolgelandschaften sind drei aufeinander abgestimmte Ziele zu verfolgen, die nur in ihrer Gemeinsamkeit zum gewünschten Erfolg führen:

1. *Neugestaltung spezieller* und allgemein in Kulturlandschaften zurückgehender Ökosysteme in Gestalt großflächiger Naturschutzgebiete, die auf Kippenstandorten reproduzierbar sind und neu bereitgestellt werden müssen.

— Ihre Hauptaufgabe besteht in der Neu- und Wiederansiedlung sowie Stabilisierung von Populationen geschützter Arten einschließlich der sie stützenden und regulierenden Biozönosen.
— Zum Aufbau eines stabilen NSG-Flächensystems auf den weitläufigen Kippenkomplexen sind 5% der Rückgabefläche notwendig.

2. *Gestaltung eines mittel- bis kleinflächigen Biotop- bzw. Habitatflächensystems einschließlich aller erforderlichen Vernetzungsstrukturen* innerhalb der intensiv zu nutzenden Vorrangbereiche, d. h. in den Nutzungszieltypen der Land-, Forst-, Wasserwirtschaft und Erholung — als ein Teil des produktions- bzw. nutzungsintegrierten Artenschutzes.

Die Hauptaufgabe besteht in

— der Wiederbesiedlung typischer Arten der Flora und Fauna in den jeweiligen Nutzökosystemen,
— dem Aufbau stabiler Nahrungsketten und Vernetzungsstrukturen als Basis für die Existenz und Ausbreitung höherer und spezialisierter Tierarten in der Landschaft,
— der ästhetischen Bereicherung unserer Umwelt,
— der direkten und indirekten Stabilisierung der Produktionsgrundlagen (z. B. Schutz von Boden und Wasser, Klimaverbesserung).

Ein Aufgabenspektrum, das voll im landeskulturellen Verantwortungsbereich der Hauptflächennutzer bzw. Rechtsträger liegt. Die Vorteilsfläche für den nutzungsintegrierten Artenschutz (sowie die Gestaltung der Lebensumwelt der Menschen) beträgt 100% der Bergbaufolgelandschaft, optimale Strukturen vorausgesetzt.

Der direkte Flächenbedarf liegt je nach der Zielstellung etwa bei 5—8% der Rückgabefläche für das jeweilige terrestrische Nutzökosystem. Dabei ist dieser Flächenanteil nicht allein auf die Artenschutzbelange ausgerichtet, sondern wird mindestens zu 2/3 und oftmals vordergründig aus anderen produktionsorientierten oder landeskulturellen Zielstellungen gefordert (z. B. Windschutzstreifen, Vorflutsysteme, Habitate für bestäubende und schädlingsvertilgende Insekten, Brandschutzriegel, Löschwasserstellen, Wanderwege).

3. Konsequente *Erhaltung und Regeneration* von artenschutzrelevanten *Ökosystemen/Biotopen* zwischen den Tagebauen (Restpfeiler) und in den Tagebaunachbarlandschaften.

— Die Hauptaufgabe besteht in der Erhaltung von nahe gelegenen Zentren für die Erzeugung und Nachlieferung von Diasporen und Faunenelementen aus den gewachsenen Biozönosen für die kontinuierliche Wiederbesiedlung sich sukzessiv entwickelnder Ökosysteme der Kippenstandorte, insbesondere durch Arten mit nur geringen Aktionsradien und durch Arten aller klimaxnahen Ökosysteme.

Die Hauptprobleme im Vergleich zur Standortplanung für die land- und forstwirtschaftlich zu nutzenden Produktionsbereiche bestehen bei der Planung für eine landschaftsgerechte Artenvielfalt in

— der (gegenwärtig) nicht so eindeutigen Zielformulierung für ein komplexes, flächendeckendes Artenschutzkonzept,
— der fehlenden Planungsmethodik für große Gebiete,
— der unterschiedlichen Verfügbarkeit der benötigten Daten und Richtwerte für die Planung und Projektierung,
— der unsicheren Prognose für den Erfolg gezielter Wiederansiedlungsmaßnahmen.

Der Grund liegt vor allem im zu geringen wissenschaftlichen Erkenntnisstand und Vorlauf auf dem Gebiet der ökologisch fundierten Landschaftsplanung. Aus praktischen, insbesondere zeitlichen Erwägungen ist es für die Gestaltung von Bergbaufolgelandschaften erforderlich und nicht zu umgehen, die benötigten ökologisch-planerischen Daten für den Artenschutz so aufzubereiten,

— daß sie trotz Lückenhaftigkeit und Vergröberung die wichtigsten ökologischen Ansprüche in Maß und Zahl für die Planung und Projektierung wiedergeben,
— daß die Ziele und Richtwerte für den Landschaftsplaner, den Bergbautechnologen und den Folgenutzer verständlich sowie planerisch und technisch umsetzbar sind,
— daß die wichtigsten räumlichen Funktionsabläufe der Populationen (z. B. periodische Habitatwechsel) und die Ansprüche an die Habitatqualitäten erfaßt und im Projekt berücksichtigt werden können.

Die erforderlichen Konzepte und Details für die Gestaltung ökologisch stabiler Bergbaufolgelandschaften werden im Rahmen des „Agrarforschungsprogramms 2000 der AdL“ erarbeitet und als Entscheidungshilfen für die praktische Planung bereitgestellt.

Flächentypen und Standortqualitäten

Für die gezielte Wiederansiedlung der heimischen Flora und Fauna in Bergbaufolgelandschaften ist die Gestaltung und Einordnung der in Tabelle 1 dargestellten Ökosystemtypen möglich (F/E-Bericht, ILN 1984). Die vorgeschlagenen Varianten müssen sowohl als

Tabelle 1

In Bergbaufolgelandschaften zu gestaltende Ökosysteme und ausgewählte Qualitätsanforderungen

Legende
- + erforderlich
- × wünschenswert
- ○ gleichgültig
- – darf nicht sein
- • logisch nicht möglich

	Boden			*Grundwasser*				*Geomorphologie*		*Nährstoffgehalt*			*Kalkgehalt*
	Kies, Schotter	Sand	Lehm, Ton	fern	beeinflußt	alternierend	austretend	wenig reliefiert	stark reliefiert	arm – neutral	arm – sauer	reich	
1. Waldfreie terrestrische Ökosysteme													
Schotterfluren	+	○	○	+	–	–	–	+	○	×	–	×	○
Sandtrockenrasen	–	+	–	+	–	○	•	×	+	×	×	–	–
Zwergstrauchheiden	○	+	–	○	○	×	○	○	○	○	+	–	–
Moore	○	×	○	–	+	×	○	+	–	○	○	○	○
2. Bewaldete terrestrische Ökosysteme													
Naßwälder	–	○	×	–	+	×	○	+	–	○	○	×	○
mesophile Mischwälder	○	–	×	+	–	○	–	○	○	–	–	+	×
azidiphile Mischwälder	×	+	–	×	–	○	–	×	○	+	+	–	–
Trockenwälder	×	×	○	+	–	–	–	–	+	○	○	○	○
3. Stillgewässer-Ökosysteme													
oligotrophe Stillgewässer	×	+	–	–	+	×	•	○	○	+	–	–	○
mesotrophe Stillgewässer	○	+	–	–	+	○	•	○	○	–	+	–	–
eutrophe Stillgewässer	○	○	+	–	+	○	•	○	○	–	–	–	×

selbständige Vorrangnutzungen in Form großflächiger Naturschutzgebiete als auch in Gestalt von mittel- bis kleinflächigen Biotopen/Habitaten und Linienverbundsystemen innerhalb der intensiv genutzten Bereiche der Land-, Forst- und Wasserwirtschaft eingeordnet werden. Besonders geeignet sind entsprechende Kombinationen zu größeren und vielfältigen Ökosystemverbänden.

In erster Linie sind Qualitäten bzw. Standortverhältnisse erforderlich, die im Vergleich zu den Anforderungen der land- und forstwirtschaftlichen Flächennutzung als nicht nutzbar gelten und im Verlaufe des Verkippungsprozesses häufig anfallen. Im Zuge der

Biotopgestaltung erübrigt sich eine großflächige Homogenisierung und Aufwertung armer und reliefierter Standorte, da sie für die Zielstellung des Artenschutzes in Bergbaugebieten besonders wertvoll sind.

Die bewußte Ausnutzung solcher Standortqualitäten und -formen für den Artenschutz bedeutet Freisetzung von Wiederurbarmachungskapazität (besonders von Arbeitszeit, Energie und Mineraldünger), die an anderer Stelle effektiver zur Verbesserung der landwirtschaftlichen Nutzflächen eingesetzt werden kann.

Flächenumfang und Flächengrößen

Noch weitgehend unklar sind die zu gestaltenden Flächengrößen für die Ansiedlung der Flora und Fauna unterschiedlichster Ordnungsstufen, obwohl gerade diese Richtwerte zu den planerisch wichtigsten und zuerst benötigten Entscheidungsgrundlagen für die langfristige Flächennutzungsfestlegung und Auflagenerteilung für den Bergbau gehören. Zur Absteckung des Planungsumfeldes sind zunächst Größenvorstellungen über die Optimal- und Minimallebensräume von Populationen in Kulturlandschaften erforderlich.

Da für die meisten Arten die optimalen Populationsstärken nicht bekannt sind und Analogieschlüsse aus bestehenden, aber meist gestörten Populationen der Kulturlandschaft nicht einfach gezogen werden können, bieten die von Heydemann (1981) angegebenen und veränderten Richtwerte für Minimallebensräume wichtiger Faunengruppen eine grobe Orientierung für das abzusteckende Planungsumfeld, was nicht immer identisch mit dem zu gestaltenden Kippenbereich ist. Wenn auch die Flächengrößenangaben nach Faunengruppen nicht in jedem Falle für Populationen anwendbar sind und besonders für die Großvogelarten nur Brutpaarreviergrößen oder Bereiche für Teilpopulationen abgesichert werden können, so werden doch mit diesem Einteilungsprinzip weitgehend die landschaftsökologisch relevanten Eigenarten und Flächenansprüche der Faunengruppenvertreter berücksichtigt, und zwar nach

— ihren Aktionsradien bzw. differenzierten räumlichen Habitatnutzungsvermögen,
— ihren Größenverhältnissen bzw. Individuenzahlen pro Flächeneinheit.

So gesehen ist es auch einfacher, die Populationen von einigen Wirbellosen und Lurcharten, d. h. von kleineren Arten, auf begrenzten Objekten stabil anzusiedeln, als die Sicherung komplexer Populationslebensräume einiger Spitzenarten mit landschaftsweiten und sehr differenzierten Habitatansprüchen durchzusetzen.

Bei dem sich gegenwärtig und künftig vollziehenden Abbauumfang reicht die Planungsebene der isolierten Einzelobjektgestaltung bei Nichtbeachtung territorialer und popularer Zusammenhänge keinesfalls mehr aus. Sie kann deshalb nur Teil einer landschaftsökologischen Gesamtstrategie der Planung für den Artenschutz sein. Mit steigender Organisationsstufe der einzuordnenden Fauna wandelt sich der Betrachtungsmaßstab

— vom Einzelobjekt/Habitat zur Landschaft bzw. zum großflächigen Verband verschiedener Habitate und Ökosysteme,
— von den relativ ortsgebundenen Populationen (z. B. nicht flugfähige Wirbellose) mit ihrer Bindung an einen Habitatflächentyp zu den großflächig aufgespaltenen Populationen (z. B. Kranich, Rohrweihe) mit der Nutzung verschiedener Habitatflächentypen,
— von der direkten „Kontakt"-Vernetzung zur indirekten „kontaktlosen" Vernetzung verschiedener und gleicher Habitattypen.

Tabelle 2
Minimalareale für Populationen und Teilpopulationen verschiedener Faunengruppen
(n. HEYDEMANN, 1981, verändert u. erweitert)

Gruppierung der Faunen	Minimal-areale	Landschaftsökologische Abhängigkeiten
A Mikroorganismen <0,3 mm	50—100 m²	cm – zunehmende Aktionsradien, abnehmende Individuendichte/Fläche – km; direkt – Ökosystem-/Habitatvernetzung – indirekt; Einzelobjekt – Gestaltungsebene – Landschaft
B Fauna des Bodens und der Bodenoberfläche 0,3—1 mm	0,5—3 ha	
C Fauna des Bodens und der Bodenoberfläche 1—10 mm	3—10 ha	
D lauffähige Wirbellose flugfähige Wirbellose 10—50 mm Reptilien, Amphibien, Kleinsäugeer (rel. ortsgebunden)	10—20 ha	
E flugfähige Wirbellose (z. B. Schwärmer) Reptilien, Amphibien, Kleinvögel, -säuger	20—100 ha	
F mittlere Vögel mittlere Säuger	100—1000 ha (—3000 ha)	
G Großvögel Großsäuger	1000—10000 ha	

Vernetzung der Flächen und Vernetzungstypen

Grundlage für ein stabiles Schutzgebietssystem in intensiv genutzten Kulturlandschaften ist die typ- und strukturgerechte Vernetzung der Habitate innerhalb der Populationslebensräume und im größeren Maßstab die Vernetzung der Populationslebensräume miteinander. Je nach Art der Fortbewegung, den Aktionsradien und den individuellen Ansprüchen der Arten an die Umweltqualität erfolgt die Vernetzung der Flächensysteme

— direkt, durch Linien, Bänder und Säume (Kontakt-Vernetzung),
— indirekt, durch Einhaltung bestimmter Flächendistanzen oder durch die Zwischenschaltung von Kleinflächen mit Trittsteinfunktion (kontaktlose Vernetzung).

Die Einfügung entsprechender Vernetzungsstrukturen, besonders in die agrarischen Nutzökosysteme, erfordert eine sorgfältige Abstimmung mit den Produktionsinteressen.

Dabei ist zu beachten, daß die Vernetzungen um so enger aufzubauen sind,

— je intensiver und lebensfremder die „Zwischennutzung" (z. B. Hackfruchtanbau oder Abwasserverregnung) ist,
— je unbeweglicher und labiler die Arten gegenüber Nutzungseinflüssen sowie ungewohnten biotischen oder abiotischen Umwelteinwirkungen sind,
— je öfter der Wechsel zwischen den Habitaten pro Zeiteinheit (besonders in kritischen Phasen) erfolgt.

Bei ungünstigen Nachbarschaftsnutzungen, wie das in intensiv genutzten und ausgeräumten Agrarlandschaften (Beregnungsgebiete, Agrarflug, ...) der Fall ist, müssen genügend große Habitatflächen und ausreichend breite Vernetzungssysteme geschaffen werden, die besonders alle labilen Arten sicher schützen. Zusätzlich sind diese Flächen durch verschiedene Puffersysteme gegen Fremdeinflüsse zu sichern.

Aus biologischen Gründen ist die Vernetzung der verschiedenen Ökosystem- bzw. Habitatflächentypen immer nur mit gleichen oder typähnlichen Vernetzungsstrukturen möglich. Im Prinzip sind in Agrarräumen folgende drei Grundtypen als Ausbreitungslinien und „genetische Fließstrecke" zu planen und auszuweisen:

1. Gehölzverbundsysteme (z. B. für alle schattenliebenden Gehölz- und Waldarten),
2. vegetationsfreie Substrat-, Rasen- und Heide-Verbundsysteme (z. B. für alle wärme- und lichtliebenden Arten),
3. Gewässer- und Feuchtflächenverbundsysteme (z. B. für alle wasser- und feuchtigkeitsgebundenen Arten).

Für die zu bevorzugende Kombination der genannten Typen auf breiten bandartigen Flächensystemen gibt es in Bergbaufolgelandschaften vielfältige Möglichkeiten, z. B. durch die planmäßige Ausnutzung und Gestaltung von Tagebauein- und -ausfahrten, Böschungssystemen, ehemaligen Gleistrassen u. a.

Unbefriedigend und noch ungelöst ist die mangelnde Zonation bzw. Saumgestaltung zwischen den Nutzungsbereichen. Unsere Kulturlandschaft ist z. Z. geprägt von extremen und harten Übergängen zwischen den verschiedenen Nutzungsarten. In der Bergbaufolgelandschaft ist es insbesondere der Übergang vom Acker zum Wald, vom Wald zum Gewässer, von den Böschungen, Straßen, Flurgehölzen u. a. Landschaftselementen zu den Nutzflächen. Planmäßig abgestufte und nach ökologischen sowie ästhetischen Gesichtspunkten ausgeformte Saumbereiche (Ökotone) der Wälder, Gewässer, Äcker, Flurgehölze würden in der Bergbaufolgelandschaft, ohne die technologischen Einsatzbedingungen zu beeinträchtigen,

— die Artenvielfalt,
— den Erholungswert,
— die Stabilität des Naturhaushaltes

weiter erhöhen.

Die Artenpalette könnte durch die Ansiedlung typischer Saumarten um mindestens 1/3 erhöht werden, zumal sich in den Saumbiozönosen zahlreiche attraktive (z. B. Tagfalter) und wirtschaftlich nützliche Arten (z. B. Laufkäfer, Spitzmäuse, Kröten, Igel) ansiedeln. Auf den bereits flächendeckend intensiv genutzten Kippenflächen wird die Saumgestaltung den Schwerpunkt der biologischen Regeneration und ästhetischen Aufwertung der Bergbaufolgelandschaft bilden.

Literatur

F/E-Bericht: Richtwerte für die Planung von Bergbaufolgelandschaften. Institut für Landschaftsforschung und Naturschutz Halle. AdL der DDR. 1984.

Heydemann, B.: Zur Frage der Flächengrößen von Biotopbeständen für den Arten- und Biotopschutz. Jahrbuch für Naturschutz und Landschaftspflege. Kilda-Verlag, Greven (1981) 31, 21—51.

Wiedemann, D.: Landschaftsökologische Bedingungen und Voraussetzungen für die Wiederherstellung der Naturschutzfunktion in Bergbaufolgelandschaften. Vorträge aus dem Bereich der AdL, Informationen aus Wissenschaft und Technik der Landwirtschaft und Nahrungsgüterwirtschaft. AdL der DDR. ILID Berlin **6** (1987) 5, 3—28.

Dr. Dietmar Wiedemann
Institut für Landschaftsforschung und Naturschutz Halle
Arbeitsgruppe Finsterwalde,
Brauhausweg 2
O-7980 Finsterwalde

Aspekte einer optimalen Nutzung der Bergbaufolgelandschaft

BODENGEOLOGISCHE ARBEITEN FÜR DIE GESTALTUNG DER BERGBAUFOLGELANDSCHAFT IN BRAUNKOHLENABBAUGEBIETEN

MANFRED WÜNSCHE

1. Aufgabenstellung

Bis zum Jahre 1988 wurden dem Territorium der DDR durch den Braunkohlenbergbau 122 100 ha Land entzogen und 64 100 ha urbar gemachte Flächen als Bergbaufolgelandschaft zurückgegeben.

Derzeitig werden jährlich in den Förderräumen Cottbus, Leipzig, Halle-Bitterfeld etwa 3 200 ha land-, forst- und wasserwirtschaftliche Nutzflächen devastiert. Das natürliche Landschaftsgefüge wird dabei völlig zerstört. Nach den gesetzlichen Regelungen sind die rohstoffgewinnenden Betriebe des Braunkohlenbergbaues verpflichtet, eine optimale Gestaltung und Nutzung der Bergbaufolgelandschaft zu gewährleisten. In diesem Prozeß bilden bodengeologische Untersuchungsergebnisse wesentliche Entscheidungsgrundlagen für die Infrastruktur des bergbaulich beanspruchten Territoriums.

Die bodengeologischen Arbeiten im Rahmen der Wiederurbarmachung sind hauptsächlich auf die Untersuchung der Tagebauvorfelder sowie die Begutachtung von Kippen und Halden festgelegt.

2. Bodengeologische Vorfelduntersuchungen

Eine qualitätsgerechte Wiederurbarmachung beginnt bereits mit der Planung der Gewinnung und Verstürzung kulturfähiger Abraumsubstrate. Hierfür ist die Vorlage von bodengeologischen Vorfeldgutachten und -berichten erforderlich.

2.1. Vorfelduntersuchungen in Erkundungsetappen

Die Schwerpunkte der Vorfelduntersuchungen richten sich nach den einzelnen Stadien der geologischen Erkundung sowie der bergmännischen und territorialen Zielstellung.

Die *geologische Suche* (C_2-Erkundung) von Braunkohlenlagerstätten beginnt etwa 20 Jahre vor der Kohleförderung. Entsprechend dem Kenntnisstand werden die natürlichen Böden hinsichtlich ihres ökonomischen Wertes erfaßt und orientierende Angaben über Lagerung, Verbreitung und Kulturwürdigkeit der Abraumschichten gemacht. Damit können sowohl die Veränderungen in den Böden der Tagebauvorfelder eingeschätzt als auch erste Hinweise über die perspektivische Gestaltung der Bergbaufolgelandschaft gegeben werden.

Die *geologische Vorerkundung* (C_1-Erkundung) erfolgt 15 Jahre vor dem Kohleabbau. Bodengeologische Untersuchungen in dieser Erkundungsetappe sind hauptsächlich auf die eingehende Kennzeichnung des Kulturwertes der Abraumsubstrate anhand relevanter

Kennwerte (wie Körnung, Gehalte an organischer Substanz, Carbonat und Schwefel, Säuregrad und Nährstoffversorgung) ausgerichtet. Der Nachweis über Substrataufbau und Mächtigkeit kulturwürdiger Abraummassen stützt sich auf die Auswertung eines Erkundungsnetzes mit Bohrlochabständen von 300—600 m. Dadurch sind Vorschläge über die baggerseitige Gewinnung und Verstürzung besonders geeigneter Abraumsubstrate möglich.

Die bodengeologischen Befunde der Vorerkundung bilden Grundlagen für die einzusetzenden Technologien der Wiederurbarmachung. Mit der Einleitung des Standortgenehmigungsverfahrens wird zugleich die langfristige Projektierung der Bergbaufolgelandschaft mit konkreten Vorstellungen ins Auge gefaßt.

Die *geologische Detailerkundung* (B-Erkundung) kommt für Tagebaue in Frage, die kurz vor dem Aufschluß stehen oder sich bereits in Betrieb befinden. Bodengeologische Arbeiten beginnen mit der Auswertung geologischer Unterlagen, die einen Bohrlochabstand von 100—300 m zugrunde legen. Ferner sind die Varianten der vorhandenen Abraumtechnologie hinsichtlich Geräteeinsatz und Arbeitsebenen zu berücksichtigen. Für die einzelnen Abraumgewinnungsgeräte erfolgt die rißliche Darstellung von Bereichen, in denen entweder Abraumschichten selektiv oder Abraumschichtkomplexe in einem Schnitt gewonnen werden können. Die Untersuchungsbefunde beinhalten somit verstärkt die Bewertung der durch den Einsatz von Großgeräten zu erwartenden Mischsubstrate. Sie bilden Unterlagen für die Auswahl geeigneter Lösungswege der Wiederurbarmachung. Durch den Vergleich von Massenangebot und Massenbedarf kulturfähiger Substrate können Schlußfolgerungen gezogen werden über die Anlage zeitweiliger Deponien und die erreichbare Kulturbodenmächtigkeit auf den Kippflächen.

2.2. Beurteilung der Abraumsubstrate

Im Ergebnis der Vorfelduntersuchungen lassen sich die Eigenschaften der Abraumsubstrate wie folgt kurz kennzeichnen:

Quartäre bindige Substrate (Auenlehm, Löß, Sandlöß, Becken- und Talschluff, Geschiebemergel/-lehm) sind entsprechend ihren Anteilen an quellfähigen Tonmineralen sorptionsstark und mit Nährstoffreserven ausgestattet. Die Bodenreaktion ist abhängig vom Carbonatgehalt. Anteile und Qualität der organischen Substanz schwanken in weiten Spannen. Sie beeinflussen Gefüge, Wasser- und Luftführung und vermögen Verfestigungstendenzen einzuschränken. So eignen sich z. B. Schwarzerden und humose Auenlehme besonders als Kulturboden für die landwirtschaftliche Folgenutzung.

Quartäre sandige Substrate (Flußschotter, Schmelzwasser-, Tal- und Beckensande) besitzen eine geringe Sorptions- und Wasserkapazität. Sie sind vorwiegend für die forstwirtschaftliche Nutzung geeignet.

Tertiäre Substrate (Sande, Schluffe, Tone) verfügen über unterschiedlich hohe Mengen an sulfidisch gebundenem Schwefel, der das Säurepotential bestimmt. Feinverteilte kohlige Beimengungen besitzen ausreichende Anteile an reaktionsfähigen Huminsäuren und Huminsäurevorstufen. Diese erhöhen die Sorptionseigenschaften der Sande, die nach einer Grundmelioration in Abhängigkeit vom Gehalt an abschlämmbaren Bestandteilen land- oder forstwirtschaftlich nutzbar sind. Tone und Schluffe bleiben diesbezüglich problematisch.

Eine Beurteilung von *Substratgemengen*, die durch moderne Abraumtechnologie entstehen, setzt die genaue Kenntnis der Eigenschaften und des Kulturwertes der in Mischung eingehenden unterschiedlichen Abraumschichten voraus.

In Abhängigkeit vom petrographischen Aufbau geologischer Schichtkomplexe im jeweiligen Schnittbereich bestimmt die vorherrschende Abraumschicht mit ihren relativ stabilen Bodenmerkmalen (Körnung, Kohle- und Kalkgehalt) die Bodeneigenschaften der zur Verkippung vorgesehenen Substratgemenge. Der Anteil untergeordnet beigemischter Abraumschichten kann die Merkmale des vorherrschenden Abraumsubstrats positiv und negativ beeinflussen.

Die bisherigen Untersuchungen ergaben, daß bei bestimmten Mischungsverhältnissen eine land- und forstwirtschaftliche Nutzung möglich ist. So kann beispielsweise Talsand durch Zuführung von mindestens 40% Talschluff aufgewertet werden. Zum anderen läßt sich eine Verbesserung des bodenphysikalischen Zustandes von Beckenschluff oder Geschiebemergel erreichen, sofern ein Verschnitt mit maximal 50% Sand erfolgt.

Hingegen wirkt sich negativ auf quartäre oder tertiäre Sande die Zuführung von über 30—40% toniger Substrate aus, die meist in klumpiger Beschaffenheit verbleiben und eine Folgenutzung erschweren. Die Zuführung von Sanden zu Tonen bewirkt keine entscheidende Verbesserung der zähen Konsistenz. Große Probleme für die Nutzung bringt die Vermengung von stratigraphisch und petrographisch unterschiedlichen Abraumschichten mit sich, z. B. von quartärem Sand, tertiärem kohlehaltigem Sand, Geschiebemergel und Ton.

2.3. Voraussetzungen für die Wiederurbarmachung

Die Wiederurbarmachung in den Braunkohlenrevieren wird maßgeblich von Deckgebirge und der Abraumtechnologie bestimmt. Im *Raum Halle-Leipzig* liegen günstige Voraussetzungen vor. Das flözführende fluviatil-limnische Eozän bzw. marin-brackische Oligozän bis Miozän wird von horizontbeständigen quartären Ablagerungen bedeckt. Diese setzen sich aus elster- und saalekaltzeitlichen Grundmoränen mit zwischengeschalteten Sand- und Kiesschichten sowie aus jüngeren quartären Sedimenten wie Löß, Sandlöß und Auenlehm zusammen.

Die Gewinnung des Abraums erfolgt in mehreren Schnittbereichen und der Transport zur Kippe mittels Zug- und neuerdings Bandbetrieb. Abraumförderbrücken sind stets Vorschnittgeräte mit Bandbetrieb zugeordnet. Im obersten Abraumschnitt lassen sich fast ausschließlich kulturwürdige Substrate gewinnen. Als Abschlußkippen wurden in der Vergangenheit Pflug- und Rückwärtskippen geschaffen. Gegenwärtig entstehen Absetzerkippen. Sie weisen eine relativ homogene Substratzusammensetzung auf. Bei lokal geringmächtigeren bindigen Schichten im Vorfeld sind auch sandige und substratheterogene Absetzerkippen zu verzeichnen. Zur Gewährleistung qualitativ hochwertiger Kippsubstrate auf den Rückgabeflächen müssen Leistungseinbußen im Abraumbetrieb in Kauf genommen werden.

Im *Niederlausitzer Braunkohlenrevier* setzen sich die tertiären miozänen Ablagerungen aus marin-brackischen, mehr oder weniger kohlehaltigen schluffigen Sanden sowie fluviatil-limnischen Sanden, Schluffen und Tonen zusammen. Das quartäre Deckgebirge ist vorwiegend durch Tal-, Becken- und Geschiebesande vertreten. Beckenschluffe und Geschiebemergel sind nicht horizontbeständig. Die gesamte Schichtenfolge ist tektonisch und glazigen gestört. Die Abraumbewegung erfolgt hauptsächlich mittels 40- und 60-m-Förderbrücken, denen ein Vorschnitt im Bandbetrieb zugeordnet ist. Die selektive Aushaltung der bereichsweise auftretenden quartären bindigen Massen und ihre zielgerichtete Verkippung stößt auf erhebliche Schwierigkeiten.

In den Tagebauen der Urstromtäler weisen die Absetzerkippen und Förderbrückenkippen noch relativ homogene, z. T. kohleführende Substrate auf. Absetzerabschlußkippen im Bereich der Niederlausitzer Hochflächen zeigen hingegen einen meist starken Wechsel von Sanden, Lehmsanden, Schluffen und Tonen mit unterschiedlichem Kohlegehalt sowie blockreichen Kalklehmen.

In allen Braunkohlenrevieren ist eine Verschlechterung des Abraum-Kohle-Verhältnisses zu verzeichnen. Das zwingt den Bergbau zum verstärkten Einsatz hochproduktiver Abraumtechnologien. Die modernen Großgeräte bedingen, daß immer mächtigere Schichtkomplexe erfaßt, transportiert und verstürzt werden. Dadurch steigt die Heterogenität der verkippten Massen weiterhin an. Sie drückt sich in der engen Vermengung der Substrate oder in deren nester-, streifen- bzw. sichelförmiger Anordnung auf der Kippfläche aus. Dadurch nimmt die Kompliziertheit der Wiederurbarmachung und Rekultivierung in ganz erheblichem Maße zu.

3. Bodengeologische Kippenuntersuchungen

Für jede Kippenfläche, die der Bergbau zurückgibt, ist ein bodengeologisches Kippengutachten anzufertigen.

3.1. Aufgaben und Untersuchungsmethodik

Die Kippengutachten haben nachzuweisen, in welchem Maße die in den Vorfeldgutachten dargelegten Möglichkeiten der Wiederurbarmachung verwirklicht wurden. Es werden die Standortverhältnisse, insbesondere die Zusammensetzung und Qualität der Kippsubstrate in den oberen 2 m, gekennzeichnet. Die Verbreitung der einzelnen Kipprohböden wird kartographisch dargestellt. Für die Kartierungseinheiten sind Art und Umfang der erforderlichen Meliorationsmaßnahmen anzugeben sowie Schlußfolgerungen über eine land- und forstwirtschaftliche Folgenutzung zu treffen. Hinweise über Vorflutregulierungen, Nachplanierung, Böschungsgestaltung und den zu erwartenden Grundwasserstand schließen sich an.

Voraussetzung für die Ausscheidung von Kartierungseinheiten auf den bergbaulichen Rückgabeflächen ist die nach praxisbezogenen Gesichtspunkten erarbeitete Klassifikation der Kippböden [1]. Diese basiert auf Kippbodenformen, die durch eine Kombination von Substratbeschaffenheit und Entwicklungsstand des Kippbodens (Bodentyp) nach festen Merkmalsprinzipien gebildet wird.

Für die Ausscheidung von Hauptbodenformen sind vorrangig grobe Substratunterschiede wie Körnung, Kalk- und Kohlegehalt bestimmend. Danach lassen sich z. B. Kipp-Sande, Kipp-Lehme, Kipp-Kohlesande, Kipp-Kalklehme unterscheiden. Eine weitere Differenzierung in Lokalbodenformen ergibt sich insbesondere hinsichtlich feinerer Substratunterschiede und der Substratmischung, wie z. B. Kipp-Kohleanlehmfeinsand, Kipp-Gemengelehmsand. Die Substratschichtung wird für Flächen mit Kulturbodenüberzug berücksichtigt.

Die nach einheitlichen Grundsätzen aufgebaute Kippbodenklassifikation gestattet die regionale Vergleichbarkeit der Kippböden. In Abhängigkeit von der Beschaffenheit der Kippsubstrate auf den Rückgabeflächen ist ein eng- oder weitmaschiges Bohrnetz erforderlich. Das Niederbringen der Bohrungen bis über 2 m Tiefe erfolgt maschinell mit Hilfe des schwedischen Vibrationsbohrgerätes „Pionjär". Jede Kartierungseinheit wird durch die Entnahme mehrerer Bodenproben zwecks Kennzeichnung der bodenphysikalisch-chemischen Eigenschaften und Festlegung des Melioratonsbedarfes belegt. Die Einmessung der Bohrpunkte erfolgt mit dem Tachymetertheodoliten „Dahlta". Die Abgrenzung der Kartierungseinheiten berücksichtigt den halben Abstand benachbarter Bohrungen.

Seit etwa einem halben Jahr werden auf Kippflächen des BKW Welzow multispektrale Luftbildaufnahmen für die Ausscheidung von Kartierungseinheiten herangezogen. In Vorbereitung der Feldarbeiten kommen oberflächennahe Substratunterschiede durch die Differenzierung von Grautönen bzw. Falschfarbkontrasten zum Ausdruck.

Die Kombination von Luftbildaufnahme und Dokumentation von gezielt niedergebrachten Bohrungen liefert sehr genaue Kartierungsunterlagen. Luftbildaufnahmen verdeutlichen vor allem die Substratheterogenität auf kleinstem Raum. Sie geben ferner schnelle Informationen zur Reliefausformung der Kippen insbesondere über Leistungen des Bergbautreibenden hinsichtlich Feinplanierung und Vorflutgestaltung. Es ist beabsichtigt, die Luftbildinterpretation für die Kippbodenkartierung verstärkt anzuwenden.

Die Kippengutachten mit Karten und Analysenbefunden stellen die wichtigste Grundlage für die Rekultivierung nach Behandlungseinheiten der Landwirtschaft oder Standortsformengruppen der Forstwirtschaft dar. Sie gestatten ferner eine Überprüfung der Wiederurbarmachungsmaßnahmen an Hand von Qualitätsparametern. Derzeitig erfolgt von bodengeologischer Seite eine kartographische Zusammenstellung über die Verbreitung der Kippbodenformen für größere zusammenhängende Areale. Diese soll einer zielorientierenden Nutzung der Bergbaufolgelandschaft dienen.

3.2. Beurteilung der Kippböden

Bei der Kohlegewinnung werden durch den Bergbau sehr unterschiedliche natürliche Böden devastiert. Im Raum Halle sind es vorrangig Schwarzerden oder tondurchschlämmte Böden aus Löß und Sandlöß sowie Auenböden (BWZ: 60—100). Südlich von Leipzig dominieren Fahlerden und Staugleye aus Sandlöß über Geschiebelehm (BWZ: 40—80). In der Niederlausitz kommen im Bereich der Urstromtäler hauptsächlich Sand-Grundgleye (BWZ: 15—40) und Flachmoore, auf den Hochflächen Sand-Rosterden und Lehm-Staugleye (BWZ: 20—50) zum Abbau. Forstlich genutzte Böden sind vorwiegend als Sand-Podsole, -Gley-Podsole und saure Niedermoore ausgebildet.

Die Kippböden der Bergbaufolgelandschaft unterscheiden sich wesentlich von den natürlichen Böden. Natürliche Böden entstanden im langzeitlichen Ablauf durch das Zusammenwirken von geologischem Ausgangsgestein, Klima, Vegetation, Relief, Wasser, Tierwelt und auch Einwirkung des Menschen. Sie besitzen demzufolge ausgebildete Bodenhorizonte und charakteristische substrat- und entwicklungsbedingte bodenphysikalische, -chemische und -biologische Merkmale.

Kippböden hingegen stellen sehr junge Bodenbildungen auf künstlich umgelagerten Sedimenten dar. Bedingt durch den Verkippungsprozeß können lehmig-sandige Kippböden anfänglich eine lockere Lagerung aufweisen. Dadurch werden Wasseraufnahme und

Durchlüftung begünstigt. Diese Vorteile gehen jedoch bereits nach wenigen Jahren durch Eigensetzungen verloren. Sackungen, Neigung zur Dichtlagerung sowie gehemmte Wasser- und Luftführung kennzeichnen die lehmig-schluffigen Substrate. Deshalb sind auf den Rückgabeflächen des Bergbaues die Lehmsande gegenüber Lehmen hinsichtlich der bodenphysikalischen Eigenschaften als günstiger zu bewerten.

Typisch für Kippböden ist ihre mehr oder weniger ausgeprägte Substratheterogenität und der damit verbundene Wechsel von Bodenmerkmalen. Kippböden als Initialstadium der Bodenbildung besitzen niedrige Gehalte an biologisch umsetzbarer organischer Substanz. Sie weisen unzulängliche Gefügeverhältnisse, nämlich Einzelkorn-, Kohärent- oder Fragmentgefüge auf.

Diese anfänglich ausgeprägten Eigenschaften der Kippböden bedingen zunächst ihre begrenzte technologische Eignung, d. h. den erhöhten Zugkräftebedarf und Verschleiß an Bodenbearbeitungsgeräten. Ferner besteht ein meist hoher Meliorationsaufwand. Zwecks Verbesserung des Bodengefüges, der Luft- und Wasserverhältnisse können organische Zuschlagstoffe (z. B. Torf/Güllesediment) appliziert werden [2].

Für die Aufbesserung relativ homogener kohle- und schwefelhaltiger Kippsubstrate sind basenreiche Braunkohlenaschen, gekoppelt mit einer N-P-K-Düngung, erforderlich. Nach zielgerichteten Meliorationsmaßnahmen erwies sich die kohlige Substanz als umsetzbar. Unter Praxisbedingungen verlaufen Kohleveratmung und Neubildung organischer Bodensubstanz aus der Primärsubstanz synchron [3].

Bei Kipp-Gemengesubstraten läßt sich eine Minderung der Heterogenität im Bearbeitungshorizont nur in begrenztem Maße erzielen. Zuführungen mineralischer Substanzen (Bentonit) oder anorganisch-organischer Zuschlagstoffe (Asche-Spülkohle-Gemische) sind hierbei förderlich.

Kippböden sind vorrangig durch Feldfutter- und Getreidebau nutzbar. Die Reifetermine können bei Getreide (Roggen) innerhalb der Bewirtschaftungstermine merklich differieren. Erst im Rekultivierungszeitraum werden durch gezielte Maßnahmen des Acker- und Pflanzenbaus bestimmte Bodeneigenschaften im Oberbodenbereich verbessert und mittels Humusakkumulation die Bodenentwicklung gefördert.

Bei landwirtschaftlicher Folgenutzung, d. h. jährlicher Bodenbearbeitung, Düngung und humusmehrenden Fruchtfolgen läßt sich in den ersten beiden Folgerotationen, also im Zeitraum von etwa 14 Jahren, bereits die Ausbildung der Ackerkrume und damit die Entwicklung des Kipp-Rohbodens zum Kipp-Ranker belegen.

Während bestimmte Merkmale (z. B. Farbe, Gefüge, Durchwurzelungsdichte) des Ap-Horizontes natürlicher Böden erreicht werden können, bleiben gravierende Unterschiede in tieferen Bodenbereichen bestehen. Besonders verstärken sich in bindigen Kippsubstraten parallel zur Krumenentwicklung die negativen Merkmale im Unterboden. Die Lagerungsdichte erhöht sich extrem. Der dadurch bedingte Wasserstau und die mangelhafte Durchlüftung führen zu einem gehemmten Wurzelwachstum. Dadurch können Rekultivierungserfolge im Oberboden wie Humusakkumulation, Nährstoffanreicherung und Wiederbesiedlung durch Mikroorganismen stark beeinträchtigt bzw. sogar aufgehoben werden. Bisherige meliorative Gegenmaßnahmen sind unzureichend. Bodentypologisch bestehen Tendenzen zum Kipp-Staugley.

Auf forstwirtschaftlich genutzten Kippböden lassen sich Heterogenitätsmerkmale infolge der zunächst nur einmaligen Grundmelioration vor der Begründung des Baumbestandes nicht nivellieren. Kippböden aus Substratgemenge bewirken deshalb oft erhebliche Wuchsdifferenzen der Baumbestockung.

Für eine beschleunigte Ausbildung des Ah-Horizontes, d. h. die Entwicklung des Oberbodens, ist der Leguminosenmitanbau (Lupine, Steinklee) vorteilhaft [4]. Laubbaumarten sind gegenüber Nadelbaumarten besser für eine Anreicherung der organischen Substanz geeignet. Die Qualität des Bodenhumus unter Baumbeständen wird jedoch auch von Staubimmissionen beeinflußt (z. B. Erweiterung des C/N-Verhältnisses).

Bodengeologische Erkenntnisse und ertragskundliche Befunde belegen, daß die Bodenfruchtbarkeit der meist grundwasserfreien Kippböden maßgeblich von der Qualität, Vermengung und Schichtung der Kippsubstrate im durchwurzelbaren Bereich bestimmt wird. Kippböden sind im allgemeinen durch eine witterungsabhängige Ertragslabilität gekennzeichnet.

Bei der Entstehung und Entwicklung natürlicher Böden führten langzeitlich wirkende endogene und exogene Bodenbildungsfaktoren zu jeweils charakteristischen Merkmalskombinationen. In Kippböden können menschliche Maßnahmen allein diese Prozesse nicht unmittelbar nachvollziehen. Als Beispiele hierfür sollen nur die Verluste an Dauerhumus, d. h. älterer, stabilisierend wirkender organischer Substanz, sowie die oft irreversiblen Gefügeschäden durch den Mangel an biogenen Poren (Kluft-, Wurzel- und Wurmröhrensystemen) genannt werden [5].

Diese Fakten müssen im Rahmen einer künftigen ökonomischen Bewertung anthropogener Böden unbedingt berücksichtigt werden.

4. Einordnung bodengeologischer Arbeiten in die Planung der Bergbaufolgelandschaften

Der planmäßige Aufbau von Bergbaufolgelandschaften in Industrieballungsgebieten ist zwingend notwendig. In Anbetracht des begrenzten Bodenfonds der DDR hat die Wiederurbarmachung eine herausragende Bedeutung gewonnen, weil sie die Beschaffenheit der Kippböden und das Relief auf den Rückgabeflächen durch den Gewinnungs- und Verkippungsprozeß bestimmt. In zunehmendem Maße werden Land- und Forstwirtschaftsbetriebe in den Bezirken Cottbus, Leipzig und Halle-Bitterfeld auf die Bewirtschaftung von Kippböden angewiesen sein. Deshalb sind rechtzeitig die Belange des Bergbaus und der Folgenutzer im gesamtvolkswirtschaftlichen Interesse durch Institutionen der territorialen Planung miteinander abzustimmen.

Die Abstimmung erfolgt im wesentlichen auf der Basis von Konzeptionen in drei Phasen. In diese müssen die bodengeologischen Untersuchungsergebnisse der Vorfeld- und Kippenbegutachtung einfließen:

— Für die Planung vor Beginn der bergbaulichen Tätigkeit stehen die C_2-Erkundungsberichte (Suche) zur Verfügung, die dazu dienen, erste Vorstellungen über Wiederurbarmachungsverfahren, Reliefgestaltung und Nutzung zu erarbeiten.
— In die Perspektivplanung mit Festlegung von Art, Umfang und Zeitraum der Wiederurbarmachung sind die bodengeologischen Berichte der C_1-Erkundung (Vorerkundung) und die projektierte Abbautechnologie von Bedeutung.
— Bei der 5-Jahres- und Jahresplanung müssen die Vorfeldberichte der B-Erkundung (Detailerkundung) und vor allem die bodengeologischen Kippengutachten gewissenhaft ausgewertet werden.

Trotz bisher erreichter guter Ergebnisse für die Gestaltung der Bergbaufolgelandschaften sind von bodengeologischer Seite noch spezifische Problemschwerpunkte mit zu lösen, wie z. B.:

— Bodenbildung auf unterschiedlichen Kippsubstraten und die damit gekoppelten Veränderungen bestimmter Bodenmerkmale;
— Auswirkungen von Immissionen auf die Bodeneigenschaften in Industrieballungsgebieten;
— Substratzusammensetzung tieferer „Kippscheiben" und ihre Auswirkungen auf Grundwasseranstieg, Grundwasserneubildung einschließlich Grundwasserbeschaffenheit und die Standsicherheit (Setzungsfließen).

Das erfordert künftig eine noch engere Zusammenarbeit zwischen Praxis und Wissenschaft. Bei dem ständigen Bemühen, ertragssichere land- und forstwirtschaftliche Nutzflächen zu schaffen, sollte man jedoch auch die landeskulturelle Vielfalt der Bergbaufolgelandschaft durch Anlagen von Feucht- und Trockenbiotopen anstreben. Mit dieser Zielstellung wird es möglich sein, neue landschaftsökologische Erkenntnisse zu gewinnen.

Hieraus resultiert die Forderung zur Vermeidung der Uniformität von Bergbaufolgelandschaften. Dazu gehört neben der standortgerechten Bodennutzung vor allem auch eine den veränderten Boden- und Umweltbedingungen angepaßte Infrastruktur.

5. Literatur

[1] WÜNSCHE, M., W.-D. OEHME, W. HAUBOLD, C. KNAUF u. a.: Die Klassifikation der Böden auf Kippen und Halden in den Braunkohlenrevieren der DDR. Z. Neue Bergbautechnik, Leipzig **11** (1981) 1, 42—48.

[2] WÜNSCHE, M., H.-J. FIEDLER, K. WERNER, H. RANFT: Die Wiedernutzbarmachung von Rückgabeflächen des Bergbaus. In: FIEDLER, H.-J.: Bodenschutz. VEB Gustav Fischer Verlag, Jena 1984, 86—106.

[3] KATZUR, J.: Zur Entwicklung der Humusverhältnisse auf meliorierten schwefelhaltigen Kippböden. Arch. Acker-Pflanzenb. u. Bodenkd., Berlin **4** (1987), 239—247.

[4] THUM, J.: Humusakkumulation auf forstlich genutzten Kippböden des Braunkohlenreviers südlich von Leipzig. Arch. Acker- u. Pflanzenb. u. Bodenkd., Berlin **10** (1978), 615—625.

[5] VOGLER, E.: Zur Kenntnis der Gefügeverhältnisse auf quartären Kipprohböden. In: Tagungsberichte d. AdL d. DDR, Berlin (1983), 135—143.

Dr. sc. silv. MANFRED WÜNSCHE
Geologische Forschung und Erkundung Freiberg
Halsbrücker Straße 31 a
O-9200 Freiberg

PROBLEME UND MÖGLICHKEITEN DER GÜLLEVERWERTUNG AUF KIPPBÖDEN

DETLEF LAVES, JOCHEN THUM

1. Problemstellung

Gülle ist ein wertvoller Dünger. 70% des über Futtermittel verzehrten Stickstoffs bleiben als Tierausscheidung im Kreislauf und erfordern bei Düngung eine adäquate Fläche. Während Futter aus entfernten Erzeugergebieten zur Tierproduktionsanlage transportiert wird, unterbleibt aus Kosten- und Kapazitätsgründen der Güllerücktransport dorthin. Flächen im Einzugsgebiet von Tierproduktionsanlagen unterliegen folglich einer erheblichen Güllebelastung, die den Stoffkreislauf Boden-Pflanze-Tier-Boden gefährden kann.

Im Bergbaufolgegebiet des Kreises Borna existiert seit 1974 ein Schweinezucht- und -mastbetrieb mit einer Jahresproduktion von ≈ 6000 t Fleisch. Im gleichen Zeitraum fallen mit Gülle etwa 300 t Stickstoff an. Zeitweise betrug die maximale Gülle-N-Belastung forstlich genutzter Kippenflächen etwa 3 500 kg · ha^{-1} · a^{-1}. Deponieartige Güllebeseitigung hatte zur Folge

- Pappelabtrieb auf 62 von insgesamt 86 Hektar,
- Boden- und Bestandesschäden durch wiederholt länger andauernden Güllestau in Bodensenken,
- Ammonium- und Nitratanreicherung im Boden und im Grund- und Oberflächenwasser,
- Vergiftung des Ackergrases durch überhöhte Nitratgehalte.

Untersuchungen hatten die Optimierung der Gülledüngung bei der Kippenrekultivierung zum Ziel.

2. Versuchsdurchführung

Neben Freilandversuchen mit Pappeln und Luzerne wurde von 1975 bis 1982 ein Ackergras-Feldversuch betrieben. Die Anlage erfolgte auf einer 1953 geschütteten und seither landwirtschaftlich genutzten Absetzer-Kippe mit 40—60 cm mächtigem Kulturbodenauftrag aus Geschiebe- und Lößlehm mit Kohlebeimengungen und ≈ 5 m unter Flur anstehendem Grundwasser. Die Verregnung der Gülle als Fugat erfolgte unter Einhaltung folgender Stickstoffstaffelung: 0, 250, 500, 1 000 und 2 000 kg · ha^{-1} · a^{-1}. Die Parzellenabmessung betrug $20 \times 30\ m^2$. Jede der fünf geprüften Varianten wurde dreifach wiederholt. Alle 15 Versuchsparzellen waren separat gedränt bei einer Saugertiefe von 0,7—1,2 m. Wirkung und Verbleib der Fugatinhaltsstoffe wurden durch Ertragsbestimmungen sowie Fugat-, Boden-, Pflanzen- und Sickerwasseranalysen verfolgt.

3. Ergebnisse

Bei der Analyse der Haupt- und Nebenwirkung hoher Nährstoffgaben ist der Stickstoff von besonderem Interesse. Stickstoffanreicherung im Boden sind bei Stickstoffgaben $\geq 500\,kg \cdot ha^{-1} \cdot a^{-1}$ nachweisbar. Im Ackerkrumenbereich erfolgte die Anhebung des Stickstoffgehaltes relativ kurzfristig und blieb nach 2—4 Behandlungsjahren auf dem neuen Niveau etwa konstant (Tab. 1). Der Akkumulationsprozeß kann für jede Düngungsstufe beschrieben werden durch den Funktionstyp

$$\hat{y} = a - be^{-cx}.$$

Seine Parameter sind sachlich interpretierbar:

x: Behandlungsdauer
y: N_t-Gehalt des Bodens
a: Endwert der N_t-Gehaltsentwicklung
b: Differenz zwischen N_t-Anfangs- und -Endwert
c: Akkumulationsrate für N_t $\left(\text{Zeitdauer bis zum Erreichen von } \frac{b}{2} \text{ („Halbwertszeit"): } \frac{\ln 2}{c}\right)$.

Tabelle 1
Entwicklung des N_t-Gehaltes der Krume (mg · (100 g Boden)$^{-1}$) in Abhängigkeit von Versuchsdauer und Gabenhöhe

Versuchsjahr	Fugat-N-Gabe (kg · ha^{-1} · a^{-1})					$GD_{0,05}$
	0	250	500	1 000	2 000	
0	100	105	93	102	96	—
2	96	106	110	136	145	18
4	100	115	110	123	137	30
6	106	112	107	137	161	21
8	99	111	112	125	153	15
$GD_{0,05}$	—	—	16	19	30	

Die Differenz zwischen N_t-Anfangs- und -Endwert (*b*) beträgt, je nach Gabenhöhe, 9—56 mg · (100 g Boden)$^{-1}$ (Tab. 2). Der Akkumulationsbetrag folgt einer straffen Abhängigkeit von der Gabenhöhe. Dieser Beziehung zufolge trat je 100 kg Fugat-N-Gabe · ha^{-1} · a^{-1} eine Anhebung des N-Niveaus um durchschnittlich 2,7 mg · (100 g Boden)$^{-1}$ ein. Durch Einbeziehung der variablen „Gabenhöhe" läßt sich der Akkumulationsprozeß als Dosis-Zeit-Funktion in Form eines stufenlosen, dreidimensionalen Modells abbilden (lineare Regression zwischen *a*-Wert und N-Gabe sowie *b*-Wert und N-

Tabelle 2
N_t-Akkumulations-Kennwerte der Krume

Parameter der Funktion $\hat{y} = a - be^{-cx}$	Fugat-N-Gabe (kg · ha⁻¹ · a⁻¹)				
	0	250	500	1000	2000
a (mg · (100 g Boden)$^{-1}$)	108	113	109	130	154
b (mg · (100 g Boden)$^{-1}$)	9	9	16	27	56
c	0,05	0,34	1,03	1,43	0,55
$B_5$$^{+}$	0,10	0,69	0,90	0,77	0,88
$B_{15}$$^{++}$	0,02	0,13	0,47^{+}	0,58^{+}	0,78^{+}

$^{+}$ Bestimmtheitsmaß, Prüfgliedmittelwerte, $n = 5$
$^{++}$ Bestimmtheitsmaß, Parzelleneinzelwerte, $n = 15$

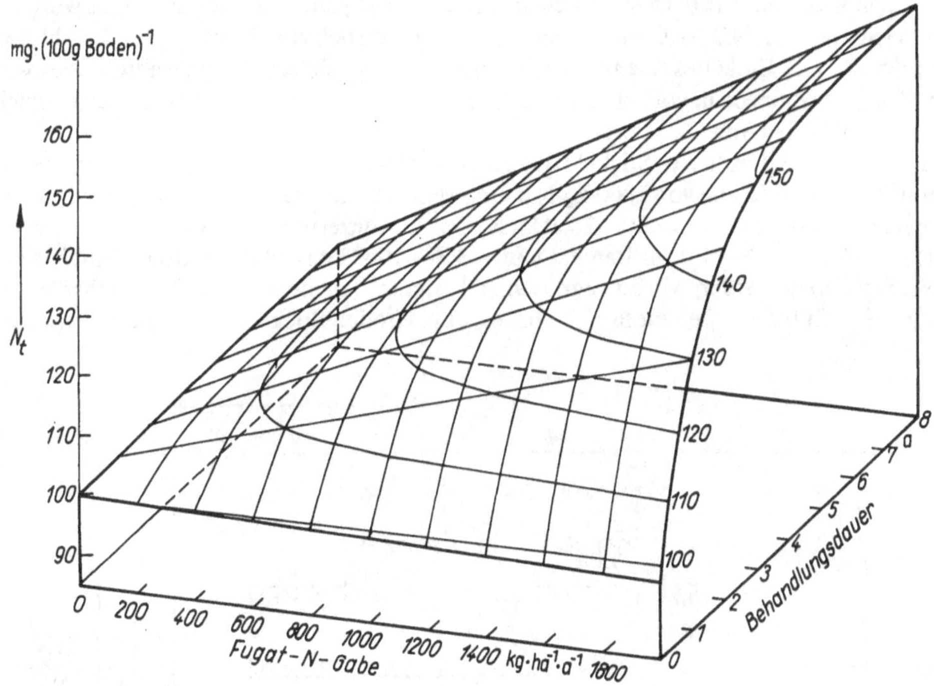

Abb. 1. Einfluß von Gabenhöhe und Behandlungsdauer auf den N_t-Gehalt der Krume

Gabe, c-Wert gemittelt, alles unter Ausschluß der Variante ohne Güllefugatgabe) (Abb. 1):

$$\hat{y} = 101{,}8 + 26{,}3\,x_1 - (1{,}6 + 27{,}3\,x_1)e^{-0{,}837}x_2.$$

Es sind:

x_1: Fugat-N-Gabe (kg · ha^{-1} · a^{-1})
x_2: Behandlungsdauer (a)
y: N_t-Gehalt der Krume, 0—20 cm (mg · (100 g Boden)$^{-1}$).

Das Modell gestattet es, für Güllegaben im Hochlastbereich (≥ 500 kg N · ha^{-1} · a^{-1}) auch für nicht geprüfte Zwischenstufen den Verlauf der N-Akkumulation im Boden mit annähernder Genauigkeit vorauszusagen ($B = 0{,}845^{+}$, $n = 25$, $f = 19$, $s_R = 8{,}1$ mg · (100 g $Boden)^{-1}$). So wird z. B. bei einer dreijährigen Güllefugatgabe von jeweils 800 kg N · ha^{-1} · a^{-1} der N-Gehalt der Ackerkrume um etwa 30 mg (100 g $Boden)^{-1}$, d. h. ≈ 900 kg · ha^{-1} aufgestockt. Bei Zusammenfassung von 4 einzeln analysierten Schichttiefen zu einem Bodenblock von 80 cm Tiefe bleibt die N-Anreicherung — wie in der Krume — im wesentlichen dosisabhängig. Die Einstellung des neuen Gleichgewichtsniveaus dauert jedoch länger als bei der flachen Krumenschicht. 90% des Akkumulationsbetrages werden nach 4—9 Jahren, im Durchschnitt nach 6 Jahren erreicht.

Erheblichen Einfluß hatte die Fugatbehandlung auf den NO_3—N-Gehalt des Bodens. Der Behandlungseffekt war im Meßbereich (100 cm Tiefe) signifikant. Nitratanreicherung bzw. -auswaschung unterlagen im Laufe des Versuchszeitraumes den bekannten witterungsbedingten Schwankungen. Bei vorherrschend trockener Vorjahreswitterung gab es bedeutende „Nitratüberhänge", die in der Folgezeit jedoch wieder abgebaut wurden. So reicherte sich NO_3—N im ersten trockenen Versuchsabschnitt im Boden bis zu 75 ppm an. Am Ende des nachfolgenden niederschlagsreichen Versuchsabschnittes war der Konzentrationspeak vollständig abgetragen. Die höchsten Gehalte lagen bei lediglich 20 ppm NO_3—N (Abb. 2).

Im Boden akkumulierter Stickstoff wird in beträchtlichem Maße entzogen. Ackergras nahm bis zu einer Gabe von 1000 kg N diesen verstärkt auf. Die errechneten Maxima liegen im Gabenbereich von 1400—2000 kg N. Der für Futtermittel kritische Schwellenwert von 0,25% NO_3—N wird im Bereich von ≈ 300—1000 kg N überschritten. Durch diese hohe Streubreite werden Nitratprognosen im höheren Gabenbereich recht unsicher. Nach 8jähriger Güllefugatbehandlung wurden im Bodenblock (1 m Tiefe) maximal

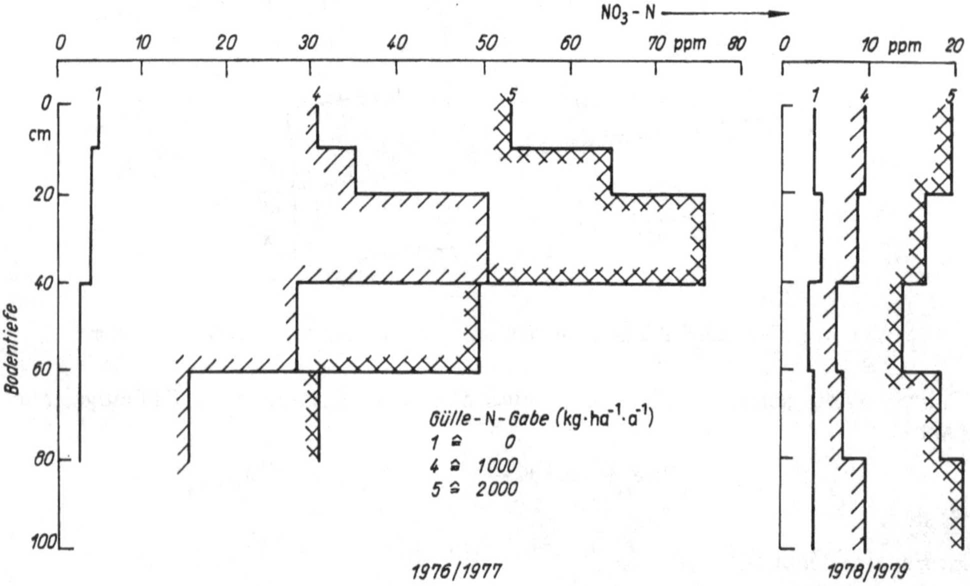

Abb. 2. NO_3—N-Gehalt des Bodens nach 2 und 4 Versuchsjahren

$\approx$ 4600 kg N · ha^{-1} gespeichert. Bezogen auf die in dieser Zeit ausgebrachte Fugat-N-Menge von 15900 kg · ha^{-1} sind dies 29%. Unter Berücksichtigung des Pflanzenentzuges wurden 6900 kg wiedergefunden. Die Bilanzdifferenz von 9000 kg entspricht 56% der Gabe. Ähnlich hohe Bilanzdifferenzen wurden auch für die weniger hoch begüllten Prüfvarianten nachgewiesen (Tab. 3). Mit zunehmender Behandlungsdauer nahmen die N-Verluste zu (Abb. 3). Der Stickstoffverlust hat zwei Ursachen: Nitratauswaschung und gasförmiges Entweichen von Ammoniak.

Dränenwasseruntersuchungen aus den separat gedrängten Versuchsparzellen dienten zur Abschätzung des Nitrataustrages. Hierbei erwies sich als störend, daß in einigen Fällen Fugatflüssigkeit unmittelbar oder mehr oder weniger verdünnt in die Sauger gelangt war. Deshalb wurden Proben eliminiert, die unergiebig waren ($\leq$ 5 l/Sauger) und/oder bestimmte Schwellenwerte (N_t ohne NO_3—N: $\geq$ 50 mg · l^{-1}, P: $\geq$ 5 mg · l^{-1}) überschritten hatten (Probenanzahl: vollständig: 143, reduziert: 64) (Tab. 4). Unter Einbeziehung von 64 fugatbereinigten Dränproben des Zeitraumes 1977—1982 erhöhte sich die mittlere NO_3—N- Konzentration um 4,3 mg · l^{-1} je 100 kg Fugat-N-Gabe pro Hektar und Jahr

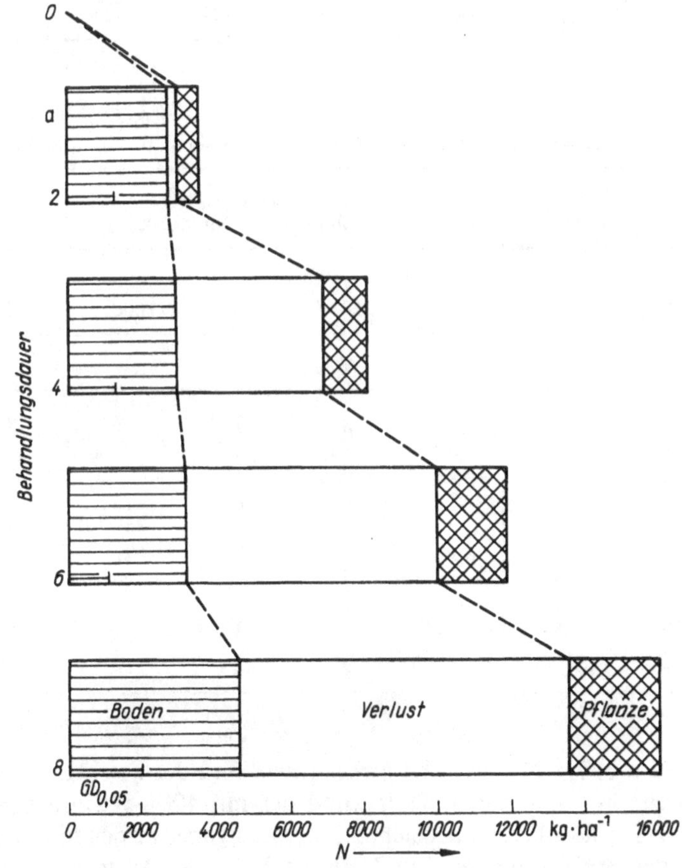

Abb. 3. N_t-Bilanz bei Maximalgabe (2000 kg · ha^{-} · a^{-1} N) in Abhängigkeit von der Behandlungsdauer

Tabelle 3
N-Bilanz nach 8 Versuchsjahren (kg · ha^{-1})

	Fugat-N-Gabe (kg · ha^{-1} · a^{-1})					$GD_{0,05}$
	0	250	500	1 000	2 000	
1. Boden-N (0—100 cm)	9146	10106	9926	11229	13767	2052
davon NO_3—N	100	280	280	759	1272	
2. Pflanzen-entzug-N	240	1197	1655	2413	2519	
3. 1 + 2	9386	11303	11581	13642	16286	
„Diff. zu 0"		1917	2195	4256	6900	
4. N-Gabe	0	2130	4048	8041	15856	
5. Bilanzdifferenz		—213	—1853	—3785	—8956	
Bilanzdifferenz in % der Gabe		—10	—46	—47	—56	

Tabelle 4
Mittlere Elementgehalte der Dränflüssigkeit (mg · l^{-1}) im Versuchszeitraum 1977 bis 1982

	Proben vollständig		Teilmenge (ohne Fugat-Durchbrüche)					Fugat
	Fugat-N-Gabe							
	0	2000	0	250	500	1000	2000	
	kg · ha^{-1} · a^{-1}							
N_t	10	383	7	8	7	9	8	1950
NO_3—N	3	53	2,4	8,6	2,6	48,4	86,4	18
P	3	38	1,4	0,8	1,0	1,6	1,3	453
K	9	251	8	6	10	26	16	1010
Ca	133	338	110	373	78	441	349	876
Mg	15	51	12	23	12	27	39	247
Na	8	81	5	15	9	20	26	210
Cl	11	127	12	12	16	34	39	390
C_t	50	689	55	0	32	74	6	6630
n	40—50	40—47	34	2	4	9	15; 16	71

(Tab. 5). Aus dem NO_3—N-Gehalt im Sickerwasser und der geschätzten Sickerwassermenge (Differenz aus Jahresniederschlag und der mit 400—500 mm angenommenen Jahresevapotranspiration) errechnet sich bei Maximalgabe für den 8jährigen Versuchszeitraum aus der Bodenzone von 1 m Tiefe ein NO_3—N- Austrag von 11—16% der Fugat-N-Dosis. 20 bis 28% des Stickstoffgesamtverlustes sind somit Auswaschungsverluste. Von dem ausgebrachten Stickstoff werden 55—59% wiedergefunden (Tab. 6). Ver-

Tabelle 5
Beziehung zwischen Fugat-Element-Gabe x (kg · ha^{-1} · a^{-1}) und Element-Gehalt des Dränwassers y(mg · l^{-1}), Teilmenge, N = 65 (64)

Merkmal	Maximalgabe	Maßzahlen der Regression⁺		
		a	*b*	*B*
N_t	1980	7,56	0,02	0,00
NO_3—N		0,93	4,30	0,80
P	460	1,42	—0,02	0,00
K	1020	9,45	0,95	0,12⁺
Ca	890	131	29,80	0,36⁺
Mg	250	12,6	11,0	0,41⁺
Na	210	4,15	12,1	0,75⁺
Cl	60	12,4	7,1	0,26⁺
C_t	6740	56,5	—2,09	0,01

⁺ $\hat{y}l = a + bx$
B = Bestimmtheitsmaß, F-Test

Tabelle 6
Verbleib des Fugat-Stickstoffs nach 8 Versuchsjahren (kg · ha^{-1})[1]

	Fugat-N-Gabe (kg · ha^{-1} · a^{-1})			
	250	500	1000	2000
Gabe	2130	4048	8041	15856
Akkumulation und Pflanzenentzug	1917	2195	4256	6900
Auswaschung[2]	161—253	327—501	741—1087	1806—2488
Wiederfindung	2078—2170	2522—2696	4997—5343	8706—9388
Akkumulation und Pflanzenentzug in Prozent der Gabe	90	54	53	44
Auswaschung in Prozent der Gabe	8—12	8—12	9—13	11—16
Wiederfindung in Prozent der Gabe	98—102	62—66	62—66	55—59

[1]) Erfassung als Differenz zum Prüfglied „ungedüngt"
[2]) Berechnet auf der Grundlage unterschiedlicher Sickerwassermengen (Differenz aus Niederschlagsmessung und geschätzter Evapotranspiration (400—500 mm · a^{-1}))

mutlich liegen die Nitratauswaschungsverluste noch höher. Darauf deutet die analog für Natrium nachgewiesene Wiederfindungsrate von 68% hin. Da Natrium aber nicht wie Stickstoff gasförmig entweichen kann, wird der Sickerwasserverlust wahrscheinlich unterschätzt.

4. Diskussion

Das untersuchte Agrarökosystem ist einseitig auf Bioproduktion orientiert. Durch die Wahl nur einer Pflanzenart ist die Eigenregulierbarkeit beschränkt (Gluch, 1981). Das geprüfte Welsche Weidelgras kann auf Grund seiner genetischen Struktur Nährstoffüberangebote mit Hilfe vermehrter Bioproduktion abpuffern. Allerdings gibt es Toleranzgrenzen. Bei 2000 kg N steht der Bestand kurz vor dem Zusammenbruch. Hohe Güllegaben bedingen Ammoniakvergiftung und erhöhen den Anteil löslicher Stickstoffverbindungen in der Pflanze, weil die Kohlenstoffgerüste zur Eiweißbildung nicht mehr ausreichen (SCHILLING, 1982). Wegen des Verbrauchs der Kohlenstoffreserven zur Stickstoffentgiftung sinken die Zuckergehalte. Der Mangel an löslichen Kohlenhydraten behindert die Milchsäurebildung (SCHILLING, 1982), so daß derartiges Futter für die Silagegewinnung schlechter geeignet ist. Ein gestörter Nitratreduktionsmechanismus führt zur Nitratanreicherung, ohne daß dabei die Pflanze selbst geschädigt wird. Gefährdet sind die futterfressenden Tiere, wenn der pH-Wert im Magen genügend hoch ist (pH = 5—7) und folglich das Wachstum nitritbildender Bakterien gefördert wird. Vom Blut absorbiertes Nitrit blockiert den Sauerstofftransport. Die Gefahrengrenze liegt bei 0,25% Nitratstickstoff in der Pflanzentrockenmasse. Bei längerer Verfütterung bewirken bereits niedrigere Gehalte einen Rückgang in der Milchleistung sowie Fruchtbarkeitsstörungen (LEHMANN, 1977). Mit akuter Vergiftung ist ab 0,4% Nitratstickstoff zu rechnen. Todesfälle sind dann auch beim Wild nicht auszuschließen (VETTER, STEFFENS, 1977/78). Nährstoffüberschuß außerhalb des Pufferbereichs schränkt die Speicherfähigkeit des Bodens für Stickstoff stark ein. Filterfunktion und Stoffwandlung sind noch intakt, allerdings verbunden mit hohem Nährstoffaustrag in Form von Nitrat. Bei Gaben über 1000 kg Stickstoff je Hektar und Jahr übersteigen die Stickstoff-Verluste jedes tolerierbare Maß (THUM, LAVES, 1985, 1987, 1989; THUM, LAVES, VOGLER, 1980). Der mit dem Bodenwasser in die Tiefe verlagerte Stickstoff nimmt — soweit er das Grundwasser erreicht — Schadstoffcharakter an. Noch weitergehende Belastung (z. B. Gülleteiche in Bodensenken oder/und ungünstige Begleitumstände wie Bodenverdichtung, Bodenvernässung und Trockenrisse) setzen die Filterwirkung des Bodens weitgehend außer Kraft. Unmittelbar in Dränrohre gelangte fugatähnliche Flüssigkeit (LAVES, THUM, 1979) führen zur Verschmutzung der Vorfluter mit Stickstoff und Phosphor und damit zur Eutrophierung der Oberflächengewässer.

5. Entscheidungshilfen und Maßnahmen

Kurzfristig verabreichte hohe Güllefugatgaben sind bezüglich Stickstoffakkumulation und C/N-Einengung wirksamer als mittelfristige Gaben in praxisüblicher Menge. Für stickstoffunterversorgte Kippenstandorte vergleichbarer Bodenart und Kohle-C-Ausstattung kann eine maximale zweijährige Gülle- bzw. Güllefugatbehandlung in Höhe von $\approx 1\,000$ kg N · ha^{-1} · a^{-1} vorteilhaft sein. Besonders eignet sich hierfür der Anbau von Silomais. Infolge begrenzter N-Aufnahme treten bei N-Überangebot keine Ertragsminderungen, physiologischen Schäden und Nitratvergiftungen des Futters ein (GÖRLITZ, BRETERNITZ, HERRMANN, ASMUS, 1978). Güllegaben ≥ 600 kg N unterliegen jedoch besonderen wasserwirtschaftlichen Bestimmungen. Fortgesetzte Überlastung ist sowohl aus Gründen des Gewässerschutzes als auch aus Gründen der Nährstoffökonomie unvertretbar. Güllefugateinsatzgrenzen liegen bei Ackergras bei 600 kg N · ha^{-1} · a^{-1},[1]) wodurch mehrere Vorteilswirkungen vereinigt werden können: hoher Ertrag, hohe Nährstoffakkumulation im Boden, geringe Nährstoffauswaschung. Bei Luzerne ist Gülledüngung

[1]) Restriktionen s. TGL 24345

nur in Kombination mit Gras wirksam. Bei gesteigerten Güllefugatgaben nahm der Anteil der Luzerne am Ertrag ab und der Unkrautanteil zu, ohne daß sich der Gesamtertrag änderte. Die Verunkrautung der Luzerne stieg im 2. Versuchsjahr auf > 50% der Gesamttrockenmasse (LAVES, 1980). Wegen des geringen Stickstoffbedarfs ist der Gülleeinsatz bei Pappeln uneffektiv.

Für Staatsorgane erarbeitete Entscheidungshilfen führten

— zur stufenweisen Erweiterung des Güllefugatverregnungsgebiets um etwa 50%,
— zur Erhöhung der Güllefugatlagerkapazität auf 60 Tage durch den Bau weiterer Speicherbecken,
— zur Aufforstung abgestorbener Pappelbestände,
— zur Sperrung hochbelasteter Forstflächen und Uferböschungen für den Güllefugateinsatz
— zu pflanzenbaulichen Anpassungsmaßnahmen durch verstärkten Anbau gülleverträglicher Fruchtarten wie Silomais, Winterraps, Ackergras und Luzerne-Gras-Gemisch einschließlich Zwischenfruchtfutterbau mit Ölrettich und Futterroggen (LAVES, THUM, VOGLER, WERNER, 1983).

Die mit der Trennung von Tier- und Pflanzenproduktion einhergehende Spezialisierung und Konzentration in der Landwirtschaft hat die Erhöhung der Produktion zum Ziel. Produktionssteigerungen dürfen jedoch nicht mit ökologischen Schäden erkauft werden. Umfassende ökonomische Bewertungen sind das entscheidende Kriterium für die Rentabilität und Anwendung neuer Produktionsverfahren. Die Erzeugung von Fleisch mit hohem Gewinn bedeutet die Minimierung der Verfahrenskosten bei einstreuloser Nutztierhaltung. Unproduktive Abfallbeseitigung erhöht die Verfahrenskosten infolge irreparabler ökologischer Schäden, teurer Sanierungsarbeiten und hoher Nährstoffverluste. Nutzbringende Abfallverwertung senkt die Verfahrenskosten. Voraussetzung dafür ist die richtige Standortwahl und eine dem Standort angepaßte Größe der Tierproduktionsanlage. Ackerbaulich genutzte junge Kipplehme gehören wegen ihres labilen, zu Verdichtung neigenden Bodengefüges zu den Problemstandorten. Gülleeinsatz ist aus diesem Grunde hier auszuschließen.

6. Zusammenfassung

Für stickstoffunterversorgte Kohle-C-haltige, teilrekultivierte Kipplehmstandorte kann eine maximal zweijährige Gülle- bzw. Güllefugatbehandlung in Höhe von ≈ 1000 kg N · ha^{-1} · a^{-1} für Mais vorteilhaft sein. Bei Ackergras liegt die Fugateinsatzgrenze bei 600 kg · ha^{-1} · a^{-1} Stickstoff. Mehrere Vorteilswirkungen sind mit dieser Gabe erreichbar: hoher Ertrag, hohe Nährstoffanreicherung im Boden und geringe Nährstoffauswaschung. Die Erhöhung der mittleren NO_3—N-Konzentration betrug je 100 kg Fugat-N · ha^{-1} · a^{-1} 4,3 mg · l^{-1}. Bei Gaben von 2000 kg · ha^{-1} · a^{-1} Fugat-N betrug die N-Akkumulation und der Pflanzenentzug 44% und die N-Auswaschung 11—16%. Gasförmige NH_3-Verluste sind in der relativ großen Bilanzdifferenz von $\approx 40\%$ enthalten. Experimentelle Grundlage war ein gedränter Feldversuch mit gestaffelten Güllefugatgaben (0—2000 kg · ha^{-1} · a^{-1} N, 8jährige Laufzeit).

7. Literatur

Gluch, W.: Die Zuverlässigkeit von Ökosystemen. In: Unger, K., G. Stöcker: Biophysikalische Ökologie und Ökosystemforschung. Akademie-Verlag, Berlin 1981, S. 239—248.

Görlitz, H., R. Breternitz, V. Herrmann, F. Asmus: Einfluß der Konzentration und Spezialisierung der Tier- und Pflanzenproduktion auf den Einsatz von Gülle sowie deren Trenn- und Aufbereitungsprodukte. F/E-Bericht Inst. Düngungsforsch. Leipzig-Potsdam, Akad. Landwirtsch.-Wiss. DDR, 1978.

Laves, D.: Ergebnisse zur Intensivierung der Pflanzenproduktion auf Kippen des Braunkohlenbergbaues unter besonderer Berücksichtigung von Parametern des Gülleeinsatzes am Beispiel der LPG „8. Mai" Neukirchen-Wyhra. F/E-Bericht Inst. Landschaftsforsch. u. Naturschutz Halle/S., Akad. Landwirtsch.-Wiss. DDR, 1980.

Laves, D., J. Thum: Ökologische Aspekte der Gülle-Landbehandlung. Arch. Naturschutz u. Landschaftsforsch., Berlin **19** (1979) 3, 569—580.

Laves, D., J. Thum, E. Vogler, K. Werner: Ergebnisse zum Einsatz des Güllefugats aus dem Schweinezucht- und -mastkombinat (SZMK Borna). In: 14. Wissenschaftliche Tagung und Mitgliederversammlung über Anforderungen der sozialistischen Gesellschaft an die Bodenfruchtbarkeit, die Nutzung und den Schutz des Bodens: Thesen zu den Vorträgen, Karl-Marx-Stadt, 3.—5. Mai 1983, Bodenkundliche Gesellschaft der DDR (1983), S. 68.

Lehmann, K.: Die Wirkung hoher Mineraldüngung auf die wichtigsten Stickstoff-Fraktionen, insbesondere Nitrat-N, in Futterpflanzen. Arch. Acker-Pflanzenbau Bodenkd., Berlin **21** (1977) 3, 191—199.

Schilling, G.: Pflanzenernährung und Düngung, Teil 1 (Pflanzenernährung). VEB Deutscher Landwirtschaftsverl., Berlin 1982.

Thum, J., D. Laves: Verhalten eines Ackergras-Ökosystems bei Grenzbelastung. Arch. Naturschutz u. Landschaftsforsch., Berlin **25** (1985) 3, 171—181.

Thum, J., D. Laves: Ct- und Nt-Dynamik eines Kipplehms im Verlauf 8jähriger Güllefugat-Behandlung. Arch. Acker- Pflanzenbau Bodenkd., Berlin **31** (1987) 10, 635—645.

Thum, J., D. Laves: Güteuntersuchung an Dränabflüssen bei Güllefugat-Verregnung zu Ackergras. Arch. Acker-Pflanzenbau Bodenkd., Berlin **33** (1989) 1, 41—49.

Thum, J., D. Laves, E. Vogler: Feldgrasbehandlung mit hohen Güllefugatgaben. Arch. Acker-Pflanzenbau Bodenkd., Berlin **24** (1980) 3, 191—199.

Vetter, H., G. Steffens: Untersuchungen über den Einfluß gestaffelter Gülleabgaben auf Pflanzenertrag, Pflanzenqualität und die Reinheit des Wassers. Ber. Landwirtsch., P. Parey Hamburg und Berlin (West) **55** (1977/78), 620—632.

Dr. sc. Detlef Laves, Dr. Jochen Thum
Institut für Landschaftsforschung und Naturschutz Halle
-Abt. Dölzig-
Am Kanal 5
O-7103 Dölzig

ZUR BEWERTUNG LANDWIRTSCHAFTLICH GENUTZTER KIPPENFLÄCHEN DES BRAUNKOHLEBERGBAUS IM BEZIRK COTTBUS

Helena Lademann, Günter Haase

Die landwirtschaftliche Rekultivierung der durch den Braunkohlebergbau entstehenden Kippenflächen gehört zu den bedeutendsten volkswirtschaftlichen und landeskulturellen Aufgaben bei der Gestaltung effektiver Bergbaufolgelandschaften. Gegenwärtigt gibt es im Bezirk Cottbus etwa 6500 ha landwirtschaftlich genutzte Kippenflächen (LN-Kippenflächen).

Die Struktur der Kippenflächen ergibt sich aus den geologischen Verhältnissen der Abbaufelder sowie den Technologien der Gewinnung, des Transports und der Verkippung des Abraummaterials. Die im Bezirk Cottbus entstandenen Kippenflächen weisen meistens eine starke pedologisch-substratische Heterogenität mit Dominanz von sandigen, oft auch phytotoxischen Kipprohböden sowie autotrophe Wasserregime auf. Der Grundwasserstand der meisten LN-Kippenflächen schwankt zwischen 30—70 m ü. NN und bleibt damit mehrere Meter unterhalb der Oberfläche.

Die starke Heterogenität der LN-Kippenflächen erschwert die landwirtschaftliche Rekultivierung und die Bewertung ihrer Leistungsfähigkeit. Zur Bewertung der LN-Kippenflächen wurden ihre Haupteigenschaften erkundet und gruppiert (Lademann, 1989). Ein landwirtschaftlicher Schlag auf Kippengelände wird dabei in Anlehnung an die von Niemann (1976) entwickelte Methodik als „agrar-technogenes Landschaftselement“ (ATE) betrachtet, das sowohl ökologische als auch infrastrukturelltechnische Merkmale besitzt. In einem agrar-technogenen Landschaftselement können bis zu 7 Kippenbodenformen (Wünsche, u. a. 1972) oder bis zu 5 Behandlungseinheiten für die Rekultivierung (BHE) (Werner u. a., 1977) vorkommen. Das Verhältnis der dominant auftretenden Behandlungseinheiten >80%) in den ATE bestimmt sowohl die Rekultivierungsverfahren als auch die Leistungsfähigkeit (das Ertragspotential) der ATE.

In 16 Braunkohletagebauen des Bezirkes Cottbus wurden über 150 ATE nach dominierenden BHE und darauf bezogenen physikalisch-chemischen Eigenschaften der Kipprohböden klassifiziert und in ATE-Typen geordnet. Außer den darin erfaßten Merkmalen wurden noch folgende berücksichtigt: Technologie der Verkippung, Makrorelief, Mächtigkeit des Abraummaterials, unterliegende Abraummassen, Grundwasserstand, geologisches Alter des Abraummaterials, durchgeführte Grundmelioration. Die Typisierung der ATE ist am Beispiel von zwei Braunkohletagebauen in der Tabelle 1 dargestellt.

Ausgehend von den Braunkohlegewinnungsmethoden, welche die Heterogenitätsgrade und die Qualität der ATE bestimmen, wurden alle ATE-Typen in drei Gruppen zusammengefaßt: I — Zugbetrieb, II — Brückenbetrieb, III — Bandbetrieb.

Die Methode zur Bewertung der durch die Rekultivierungsmaßnahmen erreichten Leistungsfähigkeit der ATE-Typen beruht auf der Bestimmung ihres landwirtschaftlichen Ertragspotentials, der Analyse der Ertragsentwicklung. Daraus folgt, daß die biologische Produktivität der ATE-Typen als ein Indikator für die Entwicklung von agrar-technogenen Landschaftselementen angesehen werden kann. Auf der Grundlage des mathemati-

Tabelle 1
Typisierung der landwirtschaftlich genutzten Kippenflächen (ATE) der Braunkohlebergbaue Sedlitz und Koschen

Merkmale/ Index	Transport des Abraumes	Dominier. BME (>80%)	Technologie der Verkippung	Dominierende Kippenboden-formen	Höhe, Relief (m über NN)	Mächtigkeit des Abraum-materials (m)
1	2	3	4	5	6	7
Gruppe I						
Typ ATE						
I_1	Zugbetrieb	5,7 (4) / 7	Rückwärts-kippen über Pflugkippen	elS-Kp[1] ⇄ mSl-Kp[2] (GxlS-Kp[3]) über x'Sl-Lp	105—106 m eben, flachwellig	0,6—0,8 m
Typ ATE						
I_2	Zugbetrieb	5(2)	Rückwärts-kippen über Absetzertief-schüttung (≈20 m)	elS-Kp[1] (cSL-Kp[2])	103—109 m eben, flachwellig	0,6—0,9 m

schen Modells der Potenzsättigung von PESCHEL und MENDL (1982) wurde die Ertragsbildung als theoretisch abgeleiteter Erwartungswert (landwirtschaftliches Ertragspotential) für die ATE-Typen bestimmt:

$$y_t = B - \{K(1-\alpha)(1-t)^{1-} + (B - Y_0)\}^{1/1-} \text{ mit } \alpha > 1;$$

Y_t — Ertrag zum Zeitpunkt t
Y_0 — Anfangswert der Lösung zum Zeitpunkt t_0
B — Sättigungswert (landwirtschaftliches Ertragspotential)
α — Exponent (bestimmt den Charakter der Sättigung)
K — Skalenfaktor (bestimmt die Geschwindigkeit des Sättigungsprozesses).

Für die Berechnung und Analyse der Ertragsentwicklung wurden die vorliegenden Ertragsdaten in GE/ha umgerechnet und ihre Gruppierung nach ATE-Typen unter Berücksichtigung der Rekultivierungsdauer vorgenommen. Weiterhin erfolgte eine Normierung

Tabelle 1
(Fortsetzung)

Grundwasserspiegel (m über NN)	Geologisches Alter	Physikalische Verhältnisse des Rohbodens	Durchgeführte Grundmelioration für die Landwirtschaft (Meliorationstiefe 60 cm)	Ertragsfähigkeit der ATE
8	9	10	11	12
≈ 75 m (nach Grundwasserneubildung — GWS 104 m)	Q(TG)	Einzelkorn bis Bröckelgefüge, lockere bis dichte Lagerung, im allgemeinen ausgeglichene Bodendurchlüftung und Wasserdurchlässigkeit, ausreichende Wasser- und Nährstoffspeicherungsvermögen	1. 15—25 dt/ha (CaO (Kalkmergel) 2. 40 dt/ha CaO (Kalkmergel) 1.2. 120 kg N/ha 120 kg P/ha 135 kg K/ha 3. 215 dt/ha CaO 160 kg N/ha 240 kg P/ha 270 kg K/ha	Klasse IV B = 44 GE/ha K = 0,03 α = 1,4 y_0 = 12,4 GE/ha
≈ 72 m (nach Grundwasserneubildung — GWS ≈ 103 m)	Q	Bröckelgefüge, örtlich Klumpengefüge, mäßig feste bis sehr feste Lagerung, im allgemeinen ausgeglichener Luft- und Wasserhaushalt, ausreichendes Wasserhaltevermögen. Bei stärkerem Schluff- und Tonanteil Neigung zur Dichtlagerung und zur Staunässebildung	1. 25 dt CaO/ha (Kalkmergel) 1.2. 120 kg N/ha 100 kg P/ha 80 kg K/ha	Klasse III—IV B = 40 GE/ha K = 0,55 α = 1,1 y_0 = 22,4 GE/ha (Sedlitz) B = 41 GE/ha K = 0,18 y_0 = 8,2 GE/ha (Koschen)

der Ertragsdaten, um die starke Datenstreuung der Ertragsbildungsfaktoren (extreme Witterungsbedingungen und damit verbundener Wasserverbrauch der Kulturpflanzen) zu vermindern.

Auf der Grundlage der normierten Daten wurde der Ertragsentwicklungsprozeß für jeden ATE-Typ untersucht und hierzu, ausgehend von der Gleichung (1), ein Programm für KC 85/3 erstellt. Die Berechnungen ermöglichten es, den Ertragsentwicklungsprozeß für jeden ATE-Typ, ausgedrückt als Sättigungskurve, zu verfolgen. Weiterhin war es möglich, die Geschwindigkeit dieses Prozesses (K, α), das landwirtschaftliche Ertragspotential (B) sowie den realen und theoretischen Ertrag zu bestimmen. Die Ertragskurven charakterisieren die ATE-Entwicklung im Laufe der Rekultivierung. Die Abb. 1 bis 3 zeigen die Ertragskurven am Beispiel der Tagebaue Sedlitz und Koschen.

Die Einordnung der Ergebnisse entsprechend ihrem Ertragsniveau in 4 Gruppen ergibt, daß die überwiegende Anzahl der untersuchten ATE (88%) den Gruppen III und IV

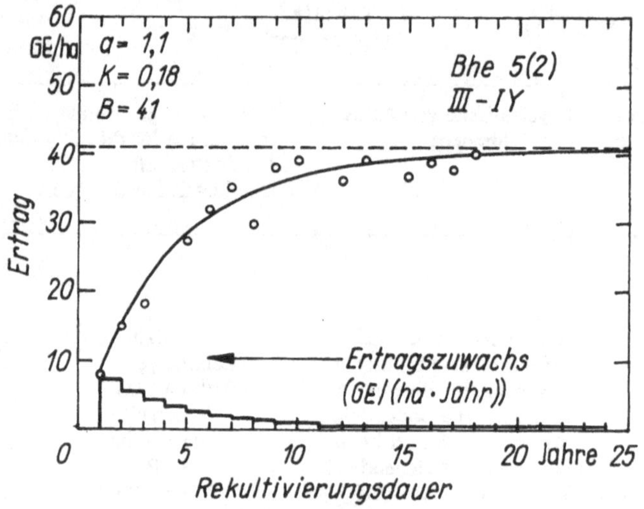

Abb. 1. Ertragsentwicklung auf den LN-Kippenflächen des Tagebaues Koschen (ATE-Typ I_2)

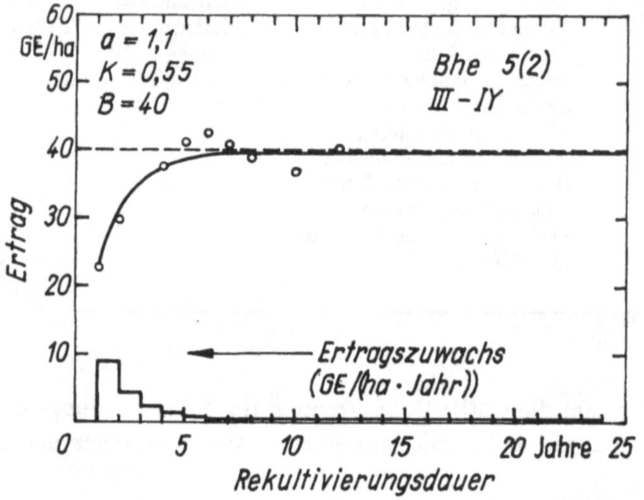

Abb. 2. Ertragsentwicklung auf den LN-Kippflächen des Tagebaues Sedlitz (ATE-Typ I_2)

mit Ertragserwartungen von 36 bis 45 GE/ha angehören. Damit ist im Vergleich zu den ehemaligen landwirtschaftlich genutzten Standorten eine befriedigende Leistungsfähigkeit der Kippenflächen gegeben.

Die Ertragsentwicklung in den bisherigen Nutzungsperioden läßt aber verschiedene Verläufe erkennen, auch solche mit Depressionen des Ertrages nach 5 bis 6 Jahren. Die Ursachen dieser Ertragsdepressionen sind ohne detaillierte standortkundliche Untersu-

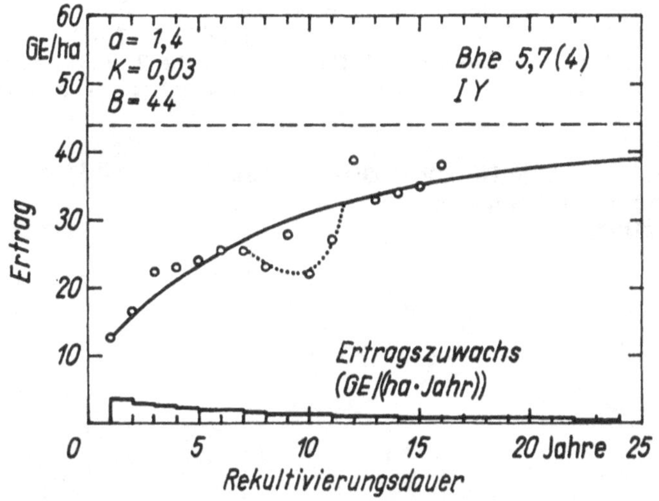

Abb. 3. Ertragsentwicklung auf LN-Kippenflächen des Tagebaues Sedlitz (ATE-Typ I_1)

chungen nicht zu bestimmen. Sekundäre Bodenverdichtungen, fehlende biologische Bodenaktivität und ungünstiges Bodenwasserregime sollten zu den Hauptursachen gehören.

Als Schlußfolgerungen können folgende Besonderheiten und Anwendungsmöglichkeiten der Methode zur Bewertung landwirtschaftlich genutzter Kippenflächen genannt werden:

- komplexes geoökologisches Herangehen an die Analyse des Ertragszuwachses von stark heterogenen LN-Kippenflächen;
- Einschätzung des Effektes der durchgeführten Rekultivierungsmaßnahmen;
- Untersuchung des Ertragsentwicklungsprozesses konkreter LN-Kippenflächen (Bestimmung der Geschwindigkeit des Ertragszuwachses, der realen und theoretischen Erträge, der Zeitdauer bis zum Erreichen des landwirtschaftlichen Ertragspotentials);
- Entscheidungshilfe bei der territorialen Planung und der Gestaltung von Bergbaufolgelandschaften.

Literatur

NIEMANN, E.: Eine Methode zur Erarbeitung der Funktionsleistungsgrade von Landschaftselementen. Archiv für Naturschutz und Landschaftsforschung **17** (1978) 2, 119—157.

PESCHEL, M., W. MENDEL, M. GRAUER: An ecological approach to system based on the volterra equations. Internat. Institute for Applied System Analysis, Austria 1982.

LADEMANN, H.: Bewertung der landwirtschaftlich genutzten Kippenflächen des Braunkohlebergbaus im Bezirk Cottbus (DDR). Kandidaten-Diss. Lomonossow-Universität Moskau, Geographische Fakultät 1989.

Werner, K.: Der Schutz des landwirtschaftlichen Bodenfonds in der DDR, Wiedernutzbarmachung devastierter Böden. In: Technik und Umweltschutz, Leipzig (1977) 18, 17—23.
Wünsche, M., W.-D. Lorenz, W.-D. Oehme, W. Haubold u. a.: Die Bodenformen der Kippen und Halden im Niederlausitzer Braunkohlenrevier. VEB Geolog. Forschung u. Erkundung Halle, Betriebsteil Freiberg, 1972.

Dipl.-Geogr. Helena Lademann, Prof. Dr. sc. Günter Haase
Institut für Geographie und Geoökologie
Georgi-Dimitroff-Platz 1
O-7010 Leipzig

ZUR ÖKOLOGISCH-ÖKONOMISCHEN VERFÜGBARKEIT VON BRAUNKOHLEVORRÄTEN

DIETER GRAF

Ein Grundproblem jeder Ressourcennutzung und der damit verbundenen Ökonomie ist die Feststellung einer real vorhandenen gesellschaftlichen Verfügbarkeit. Man versteht darunter die Fähigkeit der Gesellschaft, eine einzelne Ressource (oder Teile davon) unter gegebenen wissenschaftlich-technischen Bedingungen mit einer gesellschaftlich anerkannten (zulässigen, vertretbaren) Menge an Aufwendungen in den gesellschaftlichen Reproduktionsprozeß einbeziehen zu können [1]. Es lassen sich dabei eine Reihe von Teilverfügbarkeiten unterscheiden, deren gesonderte Betrachtung zweckmäßig und in Anbetracht der oft gegenläufigen Aufwandsentwicklung innerhalb von Teilverfügbarkeiten auch notwendig ist, um z. B. Schwerpunkte für wissenschaftlich-technische Maßnahmen sowie auch für Schutzmaßnahmen der natürlichen Umwelt besser erkennen und darauf reagieren zu können. So unterscheidet BACHMANN [2] eine geologische, eine technisch-ökonomische, eine politische und eine ökologische Verfügbarkeit von Mineralressourcen. Der Zusammenhang der verschiedenen Teilverfügbarkeiten wird in Abb. 1 schematisch dargestellt.

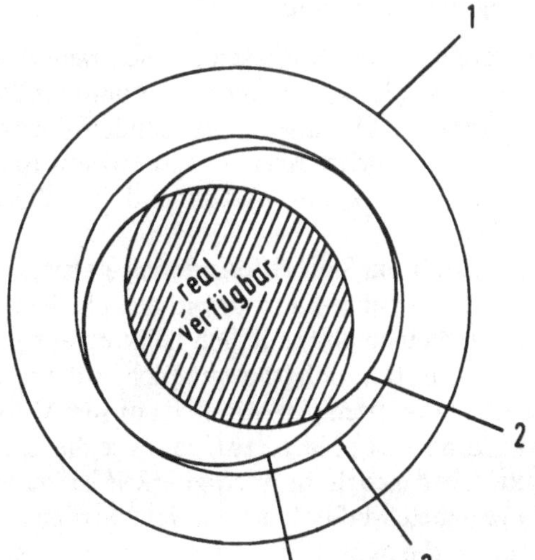

Abb. 1. Zusammenwirken verschiedener Teilverfügbarkeiten von Ressourcen: 1 — potentielle Ressource; 2 — ökonomisch verfügbar; 3 — technisch verfügbar; 4 — ökologisch verfügbar (nach [2])

Die ökologische Verfügbarkeit einer Ressource kann dabei aufgefaßt werden als die Fähigkeit der Gesellschaft, eine einzelne Ressource ohne unkontrollierte Veränderungen der natürlichen Umwelt und ohne nachhaltige Schädigung der natürlichen Lebensbedingungen des Menschen zu gewinnen, in Gebrauchswerte zu überführen und die anfallenden Rückstände problemlos in natürliche Kreisläufe wieder einzugliedern. Bei der Braunkohle, die in der DDR im übertägigen Abbauverfahren gewonnen wird, muß hierzu auch die problemlose Wiedereingliederung der devastierten Landschaften gerechnet werden.

Aus dieser recht umfassenden Begriffsbestimmung der ökologischen Verfügbarkeit ergibt sich deutlich, daß damit der volkswirtschaftliche Reproduktionsprozeß in allen seinen Phasen angesprochen ist, d. h., die Feststellung der ökologischen Verfügbarkeit darf nicht nur auf eine solche Phase wie die Erschließung und Gewinnung eines mineralischen Rohstoffs und die damit verbundenen Folgen für die Infrastruktur und die Landschaft begrenzt werden. Diese Schlußfolgerung gilt insbesondere für *volkswirtschaftlich bestimmende Ressourcen*, wie sie die Braunkohle für die DDR darstellt, Ressourcen also, durch deren Einfluß der gesamte volkswirtschaftliche Reproduktionsprozeß maßgeblich in seiner Struktur und seiner Effektivität bestimmt wird. Für die gesellschaftliche Nutzung der Braunkohle können die folgenden hauptsächlichen Phasen herausgehoben werden, die zugleich Stufen der gesellschaftlichen Arbeitsteilung und des gesellschaftlichen Arbeitsprozesses darstellen (vgl. [3]):

1. Aufschluß von Lagerstätten einschließlich vorausgehender Tagebauentwässerung,
2. Gewinnung der Braunkohle (Rohstoffgewinnung),
3. Verarbeitung zu Halb- und Fertigprodukten einschließlich Energiegewinnung,
4. Rückführung der stofflichen und energetischen Rückstände in natürliche Kreisläufe (einschließlich gefahrloser Deponie),
5. „Rückführung" der devastierten Landschaften in Kulturlandschaften (z. B. durch Wiederurbarmachung, Rekultivierung).

Die hier genannten hauptsächlichen Phasen können weiter unterteilt werden, so daß einzelne ökologische, technologische und auch ökonomische Probleme besser sichtbar werden. Es scheint auch zweckmäßig zu sein, insbesondere die ökologische Verfügbarkeit der Braunkohle nach einzelnen solcher Arbeits- und Prozeßstufen gesondert zu überprüfen, um ggf. entsprechende Maßnahmen ansetzen und die dabei entstehenden Kosten ermitteln zu können.

Im IGG der AdW wurde z. B. ein Simulationsmodell erarbeitet [4], mit dessen Hilfe die Auswirkungen der Grundwasserabsenkung sowie des Flächenentzugs auf ausgewählte Nutzerzweige nach Jahresscheiben und räumlich konkret (auf Basis von Flächenrastern) prognostiziert werden können. Dadurch ist es möglich, mit einem vertretbaren Aufwand und sehr rasch (Rechenzeiten von wenigen Minuten auf BESM 6) veränderte Abbauparameter und deren Auswirkungen auf Nutzerzweige sowie die Landschaft eines geplanten Tagebaus zu simulieren. Die ökologische Verfügbarkeit ist keine stationäre Größe, sondern kann u. U. durch geeignete Maßnahmen erreicht werden.

Es ist daher zweckmäßig, die ökologische Verfügbarkeit unter zwei Aspekten zu überprüfen und zu unterscheiden.

1. Welche ökologischen Faktoren sind derzeit oder prinzipiell nicht kompensier- und steuerbar und treten daher als *ökologische Grenzbedingungen* für eine In-situ-Abgrenzung von Braunkohlevorräten auf, die zu einem Ausschluß von Lagerstätten (LS) oder Feldesteilen aus der gesellschaftlichen Nutzung führen können? Man könnte hierfür den

Begriff der *absoluten* ökologischen Verfügbarkeit verwenden, die dann nicht gegeben wäre.

2. Welche ökologischen Faktoren sind im Prinzip kompensier- und steuerbar, erfordern jedoch besondere Aufwendungen, die in den Gesamtaufwand der Kohle eingehen? Hierfür könnte der Begriff *relative* ökologische Verfügbarkeit Anwendung finden. Beide Aspekte sind von eigenständiger Bedeutung, wenn es auch — vor allem in zeitlicher Betrachtung und unter Berücksichtigung des wissenschaftlich-technischen Fortschritts — vielfältige Übergänge gibt. Ein Beispiel soll das verdeutlichen.

Nach vorliegenden Untersuchungen liegt der NaCl-Gehalt der zu fördernden Grubenwässer im Bereich der Lagerstätte Fürstenwalde-Ost östlich von Berlin so hoch, daß eine volle Einleitung in die Spree oder die Oder ökologisch nicht vertretbar wäre. Wenn keine ökonomisch tragbare Form der Verminderung der Salzlast gefunden werden kann, müßte diese Lagerstätte als ökologisch nicht verfügbar eingeschätzt werden, da die zulässigen ökologischen Grenzwerte der Gewässerbelastung nach TGL 27885/01 erheblich überschritten würden. Im vorliegenden Falle spielen aber nicht nur ökologische Gesichtspunkte eine Rolle, sondern das mit Salz befrachtete Wasser muß auf der unterliegenden Fließstrecke auch als Rohwasser für Trink- und Brauchwasserzwecke genutzt werden, und es ist ein so sensibler Bereich wie der grenzüberschreitende Stoffaustrag zu Westberlin zu berücksichtigen. Allein die Berliner Industrie hat rund 130 Mio. M an zusätzlichen Investitionen errechnet, die notwendig würden, um das mit Salz angereicherte Wasser der Spree weiter verwenden zu können. Das Beispiel zeigt, daß die verschiedenen Teilverfügbarkeiten zusammenfassend betrachtet werden müssen, wenn es gilt, schließlich Entscheidungen zu treffen. Bisher ist es leider nur in wenigen Fällen möglich, die Bedingungen für eine ökologische Verfügbarkeit der Braunkohle in gesellschaftlich relevanter Form so präzise und für den Planer so verständlich anzugeben, wie dies im Falle erhöhter Salzlast des Spreewassers durch die Berliner Industrie möglich war.

Erste Ansätze liegen aber vor, wie das nachfolgende Beispiel — ebenfalls aus dem Bereich des ursprünglich geplanten Tagebaus Fürstenwalde-Ost — verdeutlichen soll. Im Zuge des Lagerstättenaufschlusses ist durch Kahlschlag von Waldbeständen eine erhebliche Stickstofffreisetzung durch Mineralisierung der Humusauflage zu erwarten. Nach Berechnungen, die arealweise für die auf hydromorphen und semihydromorphen Standorten stockenden Waldbestände durchgeführt wurden [5], ist im Bereich des berechneten Absenkungstrichters (totale Ausbreitungszone der Absenkung) mit einem Humusvorratsverlust von 72% (= 319 t/ha) und einem Stickstoffvorratsverlust von 46% (= 27 dt/ha) zu rechnen. Die gesamte betroffene Waldfläche beträgt 738 ha, d. h., die gesamte theoretisch freigesetzte Stickstoffmenge beträgt annähernd 20000 dt, und zwar im Bereich einer Fließstrecke der Spree von etwa 10 km. Die zeitliche Verteilung der N-Mobilisierung sowie die wirksamen Transportmechanismen sind derzeit nicht bekannt, so daß zum Ausmaß der Gewässerkontamination keine Aussagen gemacht werden können.

Bezogen auf das hier interessierende Problem der ökologischen Verfügbarkeit der Fürstenwalder Lagerstätte kann davon ausgegangen werden, daß durch gezielte Maßnahmen (z. B. durch Einsatz von N-Inhibitoren) einer akuten Gefährdung der Spree entgegengewirkt werden kann, so daß hier zur Gewährleistung der ökologischen Verfügbarkeit die Kostenseite von Bedeutung ist.

Es ist zweckmäßig und in Anbetracht der kaum noch zu überschätzenden Bedeutung ökologischer Aspekte der Ressourcennutzung auch dringend notwendig, Stufe für Stufe des gesellschaftlichen Nutzungsprozesses der Braunkohle auf mögliche ökologische Zusammenhänge und Folgewirkungen hin zu überprüfen und die Ergebnisse aufzulisten. Sie können auf territorialer Ebene gemeinsam mit der Planung der Braunkohlebetriebe dazu dienen, konkrete Maßnahmen im ökologischen Bereich vorzubereiten und die wirksamsten Varianten auszuwählen. Zum Beispiel wäre im geplanten Tagebau Fürstenwalde-Ost infolge einer Teufenmächtigkeit von mehr als 100 m die Anlage einer Außenkippe mit rund 120 m Höhe erforderlich. Zur Böschungsstabilisierung sowie zur Begrenzung von Wind- und Wassererosion wird gegenwärtig nach einer wirksamen Begrünung gesucht.

Wenn man die einzelnen Stufenprozesse der Braunkohlenutzung betrachtet, so kommt besonders der Stufe 3 (Verarbeitung des Rohstoffs zu Halb- und Fertigprodukten) Bedeutung zu. Braunkohle wird in der DDR zu mehr als 80% zur Gewinnung von Elektroenergie sowie zur Wärmegewinnung verwendet. Die im Zuge des Verbrennungsprozesses entstehenden atmosphärischen Verunreinigungen und deren Folgen für die Biosphäre, für Bauten, technische Anlagen usw. können hier als bekannt gelten, wobei neben SO_2 und NO_x in den Rauchgasen der großen Heizkraftwerke auch noch weitere schädliche Stoffgruppen vermutet werden.

Zur Analyse solcher der Braunkohlenutzung ursächlich zuzuordnenden stofflich bedingten Schadwirkung ist eine detaillierte ökologisch-ökonomische Stoffbilanz auf Betriebsebene oder der Ebene technologischer Hauptprozesse unabdingbar. Eine solche Stoffbilanz bildet zugleich die Grundlage für eine Umweltverträglichkeitsprüfung ganz allgemein, d. h., zwischen der Ermittlung der ökologischen Verfügbarkeit einer Ressource und stoff- bzw. technologiebezogenen Umweltverträglichkeitsprüfungen bestehen direkte Beziehungen. Abb. 2 zeigt die mögliche Vorgehensweise für eine ökologisch-ökonomische Stoffbilanzierung auf Betriebsebene bzw. der Ebene technologischer Hauptprozesse.

Auch hier gelten die bereits genannten beiden Aspekte der ökologischen Verfügbarkeit. Ergibt sich im Rahmen einer solchen ökologisch-ökonomischen Stoffbilanzierung, daß bei Einsatz der Braunkohle ökologische Grenzwerte ständig überschritten werden, so ist diese Ressource zumindest für das untersuchte Einsatzgebiet ökologisch nicht verfügbar. Ergibt sich dagegen im Rahmen einer über wichtige Einsatzgebiete reichenden ökologisch-ökonomischen Stoffbilanzierung, daß durch wissenschaftlich-technische und andere Maßnahmen Schadwirkungen verhindert oder doch zumindest im Rahmen vorgegebener Grenzwerte gehalten werden können, so sind die dafür notwendigen Kosten zu ermitteln und als zusätzliches Aufwandselement in die gesellschaftlichen Kosten einzubeziehen.

Welche Größenordnungen damit z. B. in der Stufe 3 des gesellschaftlichen Stufenprozesses der Braunkohle erreicht werden können, ergibt sich aus Grobabschätzungen der Kosten für Abgasreinigungsanlagen von Heizkraftwerken, die derzeit mit rund 30% der Gesamtinvestitionskosten solcher Objekte veranschlagt werden und damit Milliardenhöhe erreichen.

Abschließend sollen zur Kostenseite der ökologischen Verfügbarkeit noch einige Überlegungen angestellt werden. Die volkswirtschaftliche und zweigliche Planung in den sozialistischen Ländern stützt sich neben natural-stofflichen Bilanzen vor allem auf Wertbilanzen, in denen u. a. die jährlich verfügbare Menge an gesellschaftlicher Arbeitszeit auf die einzelnen Erzeugnisarten gleichsam verteilt wird. Die Feststellung der ökologisch-ökonomischen Verfügbarkeit hat aus dieser Sicht die Funktion, alle Kostenelemente —

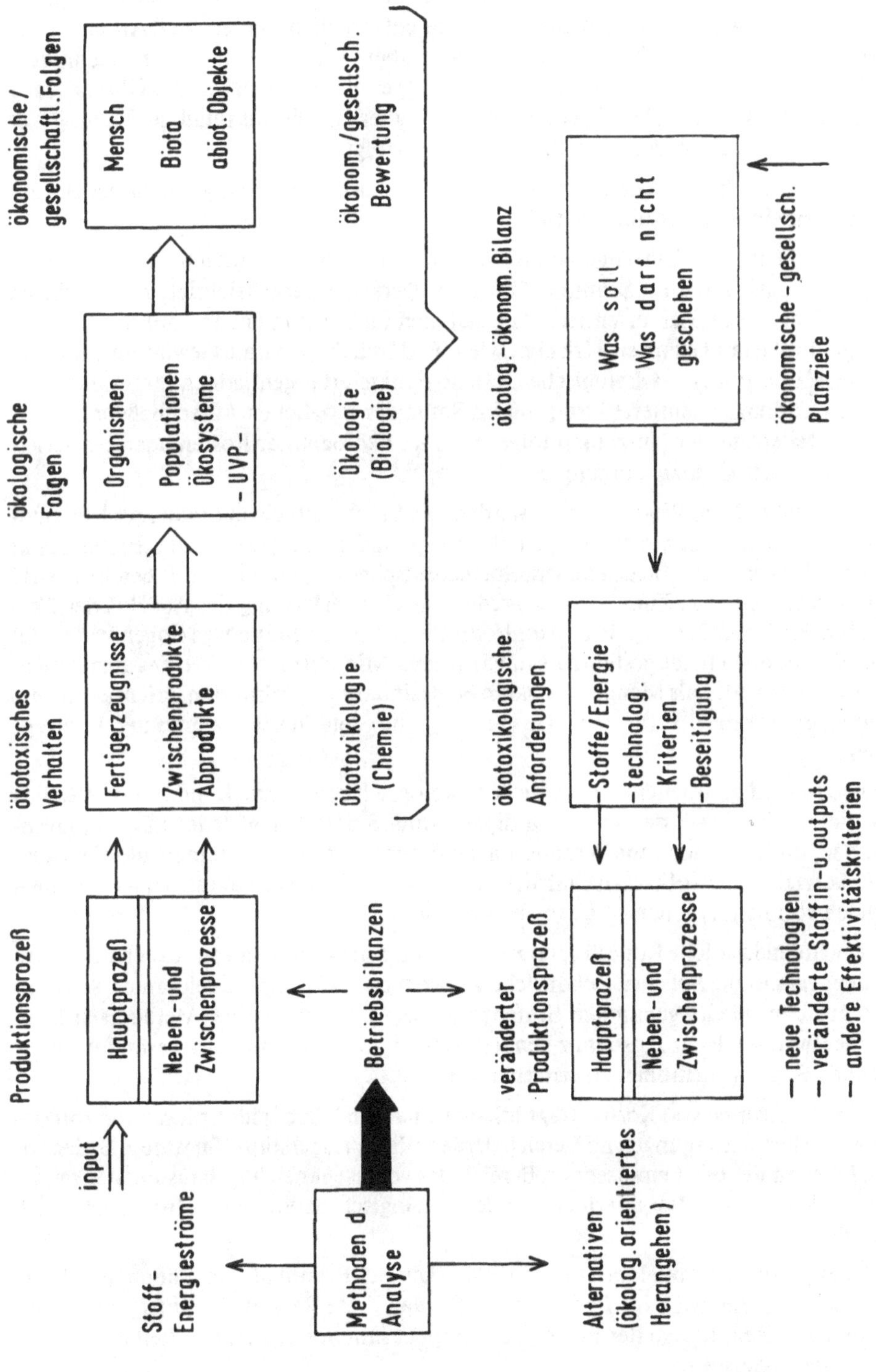

Abb. 2. Schema einer ökologisch-ökonomischen Stoffbilanz auf der Ebene des Betriebes oder technologischer Hauptprozesse

möglichst vorausschauend im Hinblick auf notwendige Investitionsvorleistungen — zu erfassen und der wertmäßigen Planung zugänglich zu machen. Geschieht dies nicht, kann den ökologischen Anforderungen entweder nicht entsprochen werden, weil Arbeitskräfte und Mittel bereits anderweitig verteilt sind, oder aber, wenn es dennoch im Nachhinein versucht wird, kommt es zu Störungen in den aufgestellten Bilanzen. Die Überprüfung der ökologisch-ökonomischen Verfügbarkeit ist daher für die wertmäßige Planung elementar, wenn sie nicht rein plakative Absichten verfolgt.

Gegenwärtig ist die Lage im Prinzip so, daß die ökologische Verfügbarkeit der Braunkohle implizit einfach postuliert wird.

Erst in bescheidenem Umfange werden im Rahmen von Vorfeldgutachten Maßnahmen zum Biotopersatz und zum Schutz gefährdeter Tierarten berücksichtigt. Am stärksten werden bislang ökologisch orientierte Maßnahmen im Zusammenhang mit der Planung von Bergbaufolgelandschaften wirksam, wie z. B. durch die separate Gewinnung und Deponie des Mutterbodens. Ökologische Gesichtspunkte erlangen jedoch insgesamt noch keine entscheidungsorientierte Funktion im Sinne des möglichen Ausschließens von LS oder Feldesteilen aus der Nutzung infolge zu hoher ökologischer Kosten oder der Verletzung ökologischer Grenzbedingungen.

Es müßte daher nach Wegen gesucht werden, die Ergebnisdaten aus ökologisch-ökonomischen Verfügbarkeitsuntersuchungen überhaupt und zum frühestmöglchen Zeitpunkt in Entscheidungen einfließen zu lassen. Solche Entscheidungen fallen z. T. bereits bei der Lagerstättenerkundung. Zum Beispiel werden zur Gewährleistung des Aspekts der ökonomischen Verfügbarkeit von Braunkohlevorräten dem Erkundungsgeologen in der Regel sog. Konditionen bereitgestellt, die in Form einer Mindestmächtigkeit des abzubauenden Flözes (in m) oder als Menge nutzbaren Feldesinhalts (in t) ihm eine Orientierung geben, welche Vorratsteile für eine Gewinnung und detaillierte Erkundung in Frage kommen.

Es wäre zu prüfen, ob nicht auch eine Art ökologisch orientierte Konditionen möglich wären, die zum Nachweis der Abbauwürdigkeit von LS oder Vorratsteilen mit herangezogen werden, und zwar noch ehe Veränderungen in der Landschaft beginnen und ehe kaum noch zu korrigierende volkswirtschaftliche oder zweigliche Entscheidungen — vor allem im Bereich von Investitionen — getroffen werden.

Dabei würden in solche Konditionen zwei verschiedene Gruppen von Kostenelementen einfließen: *erstens* die volkswirtschaftlichen Kosten aller ökologisch relevanten Aufwendungen aus den bereits genannten Stufenprozessen der Braunkohle. Methodisch kann hierzu die Zweigverflechtungsbilanz genutzt werden, um den Anteil der besonders interessierenden Folgeinvestitionen zu ermitteln [6].

Eine *zweite* Gruppe von Kosten trägt lokalen Charakter und widerspiegelt die konkreten ökologischen Bedingungen im Bereich der jeweiligen Lagerstätte. So wäre z. B. der hohe NaCl-Gehalt der Grubenwässer im Bereich des vorgesehenen Tagebaus Fürstenwalde-Ost eine solche lokale Besonderheit, die den ökologisch bedingten Aufwand erheblich beeinflußt.

Die Überprüfung der ökologischen Verfügbarkeit der Braunkohlevorräte stellt, wie die Beispiele zeigen, eine wichtige Bedingung dafür dar, diese Ressource künftig rationeller als bisher zu nutzen, indem der ökologische Aspekt immanenter Bestandteil des gesamten Planungsprozesses wird.

Literatur

[1] BACHMANN, H.: Ressourcenökonomie bei der Nutzung von Lagerstätten. Neue Bergbautechnik **17** (1987) 12, 447—450.

[2] BACHMANN, H.: Ökonomie mineralischer Rohstoffe. VEB Deutscher Verlag für Grundstoffindustrie, Leipzig 1983.

[3] GRAF, D.: Reproduktionstheoretische Probleme der volkswirtschaftlichen Bewertung von Naturressourcen. In: Grundfragen der sozialistischen Reproduktionstheorie. Dietz Verlag, Berlin 1982, S. 370—386.

[4] GRAF, D.: Prognose ökologisch-ökonomischer Auswirkungen von Tagebaumaßnahmen mit Hilfe eines Simulationsmodells. In: Nachrichten Mensch-Umwelt, Berlin **13** (1985) 2, 63—65.

[5] KIRCHNER, G.: Erwartungswerte für die Verluste an Humus und Stickstoff auf Waldstandorten im Grundwasseabsenkungsbereich des künftigen Tagebaus Fürstenwalde auf der Grundlage forstlicher Standorts- und Naturraumkarten. Eberswalde 1985 (unv.).

[6] LANGE, F., A. MENDYK, K. MÜNCHEBERG: Ermittlung des Nutzeffekts von Investitionsvorhaben — Empfehlungen. Hg. Staatliches Büro für die Begutachtung von Investitionen. Berlin 1966.

Dr. sc. DIETER GRAF
Friedrichstr. 6
O-1402 Bergfelde

IV. Überwachung des Umweltzustandes

IMMISSIONSÜBERWACHUNG IN BALLUNGSGEBIETEN

HELMUT BREDEL, OLF HERBARTH

Ausgehend von den Zielstellungen der Immissionsüberwachung werden Ergebnisse von Immissionsmessungen in Ballungsgebieten des Bezirkes Leipzig vorgestellt. Anhand der Struktur des Immissionsfeldes der Indikatorkomponenten Schwefeldioxid und Staub werden Maßnahmen zur Luftreinhaltung diskutiert. Das automatische Immissionskontrollsystem der Staatlichen Hygieneinspektion zur Erfassung außergewöhlicher Immissionssituationen wird erläutert.

1. Einleitung

Nach der 5. DVO zum Landeskulturgesetz ist die Immissionsüberwachung in den Ballungsgebieten Aufgabe des staatlichen Gesundheitswesens. Damit wird dem vorrangigen Schutz der menschlichen Gesundheit in Gebieten mit hoher Luftverunreinigung und Bevölkerungsdichte Rechnung getragen.

Voraussetzung für die hygienische Bewertung von Immissionen — d. h. für die Beantwortung der Frage, wie oft eine bestimmte Schadstoffkonzentration an einem gegebenen Ort überschritten wird — ist die Kenntnis der Raum-Zeit-Struktur des Immissionsfeldes [1]. Diese Struktur wird von den Eigenschaften der Emissionsquellen (Ausbreitungshöhe, Zeitverhalten der Emissionen), ihrer räumlichen Verteilung und den meteorologischen Bedingungen (Windgeschwindigkeit, Windrichtung, vertikaler Temperaturgradient) maßgeblich bestimmt. Auf Grund der Vielzahl unterschiedlicher Emissionsquellen liefert eine rechnerische Abschätzung kein vollständiges Bild des Immissionsfeldes von Ballungsgebieten [2, 17]. Grundlage der Immissionsüberwachung sind Messungen, die als Rastermessungen zur Ermittlung der räumlichen Verteilung der Immissionen und/oder als Pegelmessungen zur Verfolgung zeitlicher Immissionsänderungen durchgeführt werden. Dabei erlaubt der hohe Aufwand keine Messungen zu jeder Zeit an jedem Ort. Immissionsmessungen sind Stichprobenmessungen. Die Gewinnung repräsentativer Stichproben zur Beschreibung des Immissionsfeldes setzt eine sorgfältige Planung derartiger Messungen voraus, wobei vor allem die Frage nach der notwendigen Zahl der Meßstellen und der Meßhäufigkeit zu beantworten ist [3, 4].

Auf Grund der Vielzahl der in Ballungsgebieten emittierten Schadstoffe werden Immissionsmessungen in der Regel simultan durchgeführt. Mit den Routinemeßprogrammen der Staatlichen Hygieneinspektion werden Staub, SO_2, CO, H_2S und NO_X erfaßt. Die Messung dieser Komponenten resultiert in erster Linie aus der Energieträgerstruktur. Staub und SO_2 gelten als Indikatoren der allgemeinen Luftverunreinigung. International üblich ist außerdem die routinemäßige Erfassung von Oxidantien (O_3) und der Kohlenwasserstoffe, wobei ein starker Trend zu automatischen Überwachungssystemen zu beobachten ist.

An Meßverfahren zur Immissionsüberwachung müssen bestimmte Anforderungen hinsichtlich Empfindlichkeit und Selektivität gestellt werden, um die Vergleichbarkeit der Meßergebnisse mit den stoffspezifischen hygienischen Normativen (MIK) zu gewährleisten. Allgemein üblich sind photometrische Bestimmungsverfahren im VIS- sowie UV-Bereich mit anreichernder Probenahme. Zur kontinuierlichen Messung im Rahmen automatischer Überwachungssysteme werden die β-Strahlenabsorption (Staub), IR-Absorption (CO), Coulometrie (SO_2, H_2S) sowie Chemilumineszenz (NO_X) als bewährte Meßprinzipien angewandt [5]. In zunehmendem Maße werden zur kontinuierlichen Messung auch Festkörperdetektoren sowie Laser vor allem zur integralen räumlichen Überwachung der Luftverunreinigung eingesetzt [6]. Zur Simultanbestimmung organischer Luftschadstoffe findet die Gas-Chromatographie [7], zur Simultanbestimmung von Schwermetallen im atmosphärischen Staub die Plasma-Emissionsspektral- sowie Röntgenfluoreszenzanalyse Anwendung [8].

2. Ergebnisse

2.1. Räumliche Immissionsverteilung

Zur Ermittlung der räumlichen Immissionsverteilung werden mobile Rastermessungen nach einem gleitenden Zeitschema durchgeführt, um zeitliche Verzerrungen durch den Jahres- und Tagesgang der Luftverunreinigung auszuschließen [9]. Die nach Abschluß der Messungen aus den Meßwerten jeder Rasterfläche berechneten Immissionskenngrößen (Quantile der Summenhäufigkeit) ermöglichen durch Vergleich mit den MIK-Werten eine Einstufung der Flächenbelastung. Das Ergebnis dieser Messungen ist das Immissionskataster des Territoriums.

Wie dieses Kataster für SO_2 und Sedimentationsstaub zeigt, ist vor allem der Westteil des Bezirkes Leipzig belastet, wobei zwei größere Ballungszentren erkennbar sind: die Stadtregion Leipzig und der Raum Böhlen-Espenhain-Borna. Davon ist der südliche Ballungsraum stärker durch Staub, die Stadtregion Leipzig stärker durch SO_2 belastet (Abb. 1).

Während im Stadtgebiet Leipzig die SO_2-Belastung vorrangig durch eine Vielzahl kleinerer Heizungsanlagen einschließlich des Hausbrandes verursacht wird, kommen für die Belastung des südlichen Ballungsraumes in erster Linie Großanlagen der Energieerzeugung und Kohleveredlung in Betracht. Die dadurch bedingten unterschiedlichen Ausbreitungshorizonte der SO_2-Emissionen haben trotz dreimal höherer Emissionsdichte eine dreimal niedrigere Flächenbelastung des Kreises Borna im Vergleich zum Kreis Leipzig-Stadt zur Folge.

Die mit sinkender Ableithöhe der Emissionen zunehmende räumliche Inhomogenität des Immissionsfeldes muß bei der Planung von Rastermessungen berücksichtigt werden (unterschiedliche Meßstellendichte).

Durch rechnerunterstützte Auswertung von Rastermessungen lassen sich differenzierte Darstellungen der räumlichen Immissionsverteilung erhalten. So zeigt die räumliche Verteilung des Staubniederschlages in der Stadtregion Leipzig mehrere Maxima, die sich weitgehend mit den dicht bebauten Stadtgebieten decken, während sich größere Grüngebiete als Senken der Staubbelastung markieren. Auch die Maxima der SO_2-Belastung liegen im Bereich der bebauten Stadtgebiete (Abb. 2).

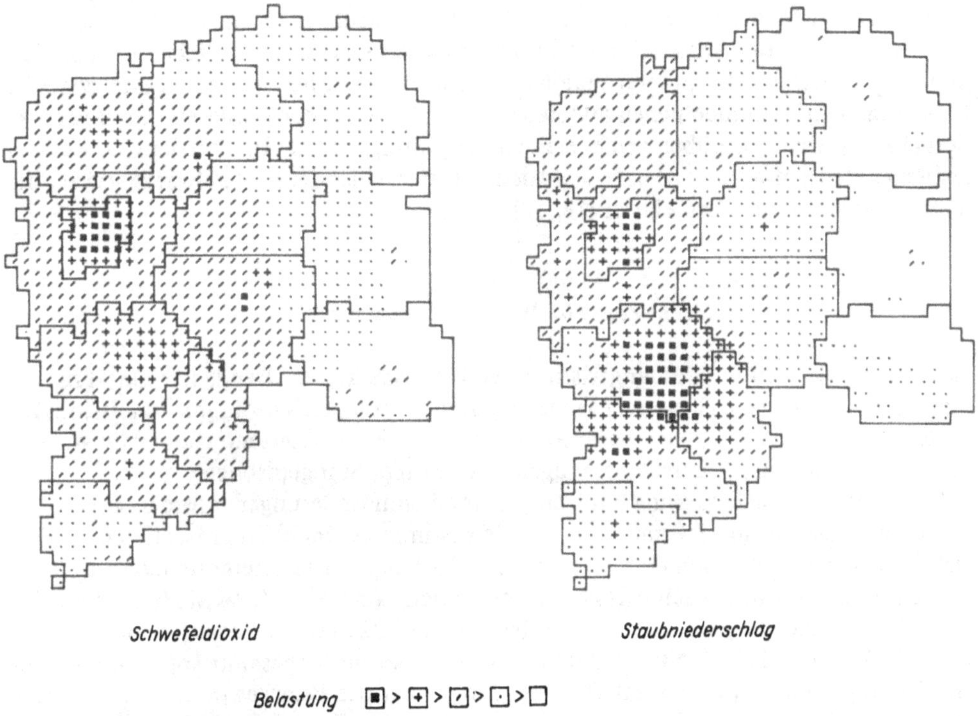

Abb. 1. Immissionskataster — Bezirk Leipzig

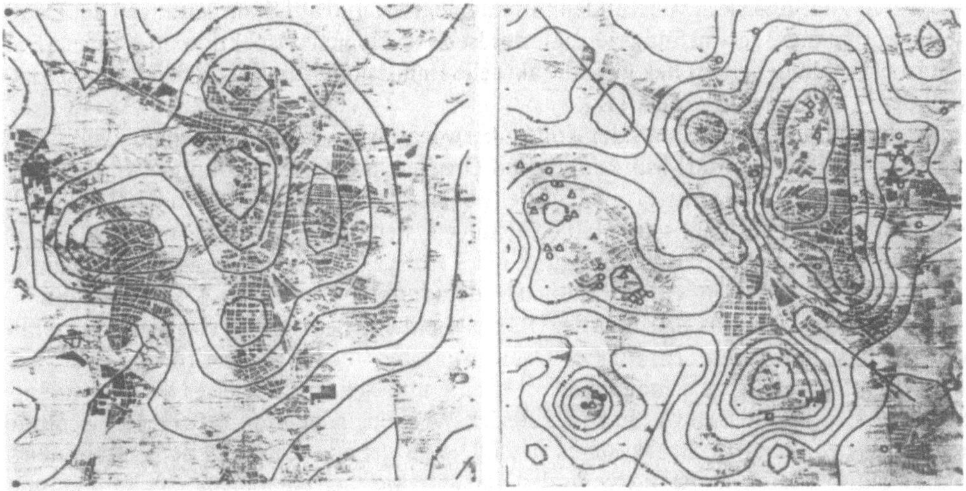

Schwefeldioxidkonzentration

Staubniederschlag
□ Heizkraftwerk
○ Heizwerk
△ metallurgischer Betrieb

Abb. 2. Räumliche Immissionsverteilung — Stadt Leipzig

Die Übereinstimmung der räumlichen Immissionsstruktur ist ein wesentliches Indiz für die Herkunft der Verunreinigungen aus gleichen Quellen. Deutliche Übereinstimmung wurde z. B. bei den Schwermetallen Mn und Zn sowie bei SO_2 und H_2S festgestellt. Diese Schadstoffe werden neben anderen in erster Linie bei der Kohleverbrennung emittiert [10, 11]. Demgegenüber weicht z. B. das Verteilungsbild des Pb und des CO von dem der genannten Schwermetalle bzw. Gase deutlich ab, da hier der Kraftfahrzeugverkehr die dominierende Emissionsquelle ist [18, 19].

2.2. Zeitliche Immissionsänderungen

Neben der Beobachtung des langfristigen, emissionsbedingten Trends der Luftverunreinigung ist vor allem die Erfassung kurzzeitiger, meteorologisch bedingter Immissionsänderungen von Bedeutung. So sind zeitweise hohe Immissionskonzentrationen im Winterhalbjahr bei austauscharmen Wetterlagen zu erwarten (Smogepisoden).

Die raum-zeitliche Erfassung kurzzeitiger Immissionsänderungen erfordert eine kontinuierliche Messung an Meßstationen, die ein bestimmtes Umfeld repräsentieren. Im Bezirk Leipzig wurde 1979 mit dem schrittweisen Aufbau eines rechnergesteuerten automatischen Immissionsüberwachungssystems begonnen, welches z. Z. 14 Meßstationen, davon 5 in der Stadt Leipzig, umfaßt und bis 1992 auf 22 Stationen erweitert werden soll (Abb. 3). Dann sind alle Städte ab 20000 Einwohner sowie der gesamte sogenannte südliche Ballungsraum mit insgesamt 70% der Einwohner des Bezirkes in die automatische Immissionsüberwachung einbezogen. Die automatische Überwachung der Luftverunreinigung erfolgt anhand der Indikatorkomponente SO_2, nur an ausgewählten Stationen werden weitere Komponenten wie Schwebstaub, CO, H_2S und NO_X registriert.

Zwecks Vergleichbarkeit mit den MIK_K-Werten werden die Konzentrationsmeßwerte an den Meßstationen zu Halbstundenmitteln integriert und auf Standleitungen der Deutschen Post in die Überwachungszentrale der Bezirks- Hygieneinspektion übertragen. Damit ist ein ständiger Überblick über die aktuelle Immissionssituation in den Ballungszentren des Bezirkes gewährleistet [12].

Ergänzend sei bemerkt, daß derartige Überwachungssysteme inzwischen auch in den Bezirken Magdeburg, Karl-Marx-Stadt und Dresden in Betrieb genommen wurden. Seit 1988 werden weitere Bezirks-Hygieneinspektionen mit dem inzwischen vom KEAW Treptow produzierten automatischen Überwachungssystem „Telesmok“ ausgerüstet. Dieses System, welches unter Berücksichtigung der Leipziger Erfahrungen entwickelt wurde, entspricht in allen wesentlichen Parametern dem internationalen Entwicklungsstand.

Um eine für alle Ballungsgebiete der DDR einheitliche Beurteilung von außergewöhnlichen Immissionssituationen auf der Grundlage objektiver Kriterien (d. h. Konzentrationsschwellenwerten) zu ermöglichen, ist ein hierarchisch strukturiertes Überwachungssystem erforderlich. Dazu wurde an der Bezirks-Hygieneinspektion Leipzig eine Zentrale des lufthygienischen Kontrollsystems der DDR aufgebaut. Diese DDR-Zentrale übernimmt die Meßdaten der Bezirkszentralen und leitet sie nach entsprechender Verdichtung weiter an das Ministerium für Gesundheitswesen. Diese Datenkommunikation erfolgt z. Z. über das handvermittelte, später über das paketvermittelnde (d. h. rechnergesteuerte) Datennetz der Deutschen Post [13].

Damit bei Smogsituationen rechtzeitig Vorbeugemaßnahmen eingeleitet werden können, ist die Prognose der Immissionsentwicklung wünschenswert. Die Analyse von Kon-

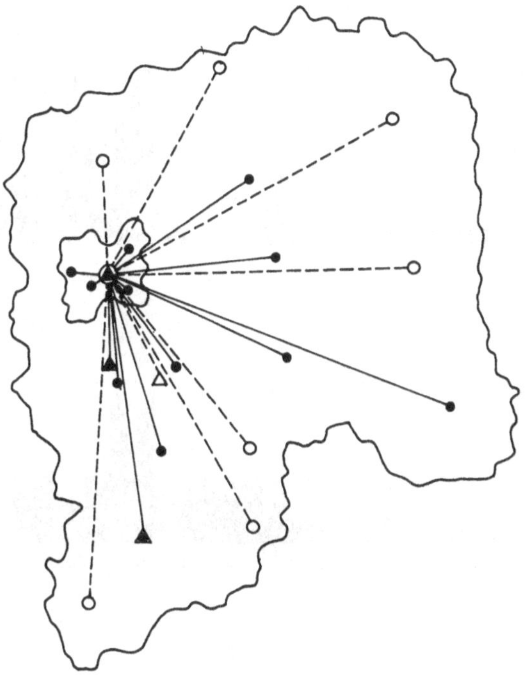

Abb. 3. Automatische Immissionsüberwachung — Bezirk Leipzig

zentrations-Zeit-Reihen hat gezeigt, daß

— außergewöhnliche Immissionssituationen, da meteorologisch gesteuert, nach einem bestimmten zeitlichen Muster verlaufen und
— Immissionsmeßwerte stark autokorreliert sind.

Ausgehend davon wurde am Bezirks-Hygieneinstitut Leipzig ein Prognosemodell entwickelt, welches die Vorhersage der Immissionsentwicklung für Zeiträume bis zu 24 Stunden mit einer Treffsicherheit von 90% ermöglicht. Dabei wird die Frage nach der Wahrscheinlichkeit und Dauer der Überschreitung eines vorgegebenen Konzentrationsschwellenwertes beantwortet. Diese Immissionsprognose erfolgt ohne Zuhilfenahme von meteorologischen Daten, da die Konzentrationsmeßwerte bereits die gesamte Information der Kausalkette Emission — Transmission — Immission enthalten, und wird nach jedem Übertragungszyklus der Meßwerte automatisch realisiert [14].

Aus den Ergebnissen von zeitauflösenden Pegelmessungen lassen sich detaillierte Informationen über die Struktur des Immissionsfeldes von Ballungsgebieten ableiten. In Abb. 4 sind zeitgleiche Meßreihen der SO_2-Konzentration in Form der Tagesmittelwerte an den Stationen Leipzig (Stadtmitte) und Mölbis (nordöstlich des Braunkohlenveredlungswerkes Espenhain) gegenübergestellt. Es zeigen sich Unterschiede in der Ausprä-

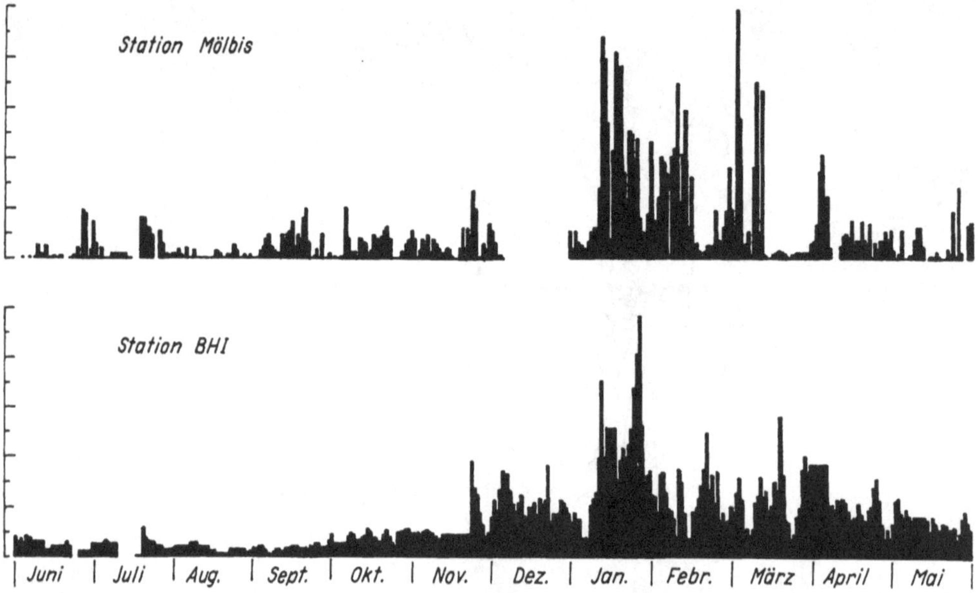

Abb. 4. Zeitlicher Verlauf der Schwefeldioxidkonzentration (Tagesmittelwerte 1. 6. 1983—31. 5. 1984)

gung des Jahrganges, der Wirkung von Inversionswetterlagen sowie im Einfluß der Windrichtung auf die Belastung, die charakteristisch für zwei Typen von Ballungsgebieten sind (kommunales Ballungsgebiet: Flächenquelle, niedrige Ableithöhen, Jahresgang der Emissionen — industrielles Ballungsgebiet: Punktquellen, große Ableithöhen, jahreszeitlich konstante Emissionen).

Die windrichtungsabhängige Auswertung von Pegelmessungen erlaubt Hinweise auf die Verursacher von Belastungen. So konnte festgestellt werden, daß im Jahresmittel der Anteil interner Quellen an der SO_2-Belastung der Stadt Leipzig 85%, der Anteil externer Quellen aus dem südlichen Ballungsraum 15% beträgt.

3. Diskussion und Schlußfolgerungen

Die Ergebnisse der Immissionsüberwachung sind nicht nur zur Einschätzung der derzeitigen Belastung, sondern auch für die Planung effektiver Maßnahmen zur Luftreinhaltung von Interesse. Grundlage hierzu ist das Immissionskataster des Territoriums. Vor allem durch kombinierte Raster- und Pegelmessungen lassen sich wertvolle Informationen über die Herkunft der Verunreinigungen erhalten, die für die Standortplanung sowie für die Planung von Sanierungsmaßnahmen von Interesse sind. So konnte nachgewiesen werden, daß die SO_2-, H_2S- und CO-Belastung kommunaler Ballungsgebiete der DDR in der Heizperiode zu 60% durch den Hausbrand und sonstige Kleinemittenten verursacht wird [15]. Nach einer rechnerischen Abschätzung unter Zugrundelegung weitestgehend stabiler meteorologischer Bedinungen beträgt der Anteil der Emittenten mit Ableithöhen bis 20 m an der gesamten SO_2-Belastung der Stadt Leipzig in der Heizperiode sogar 90% [23]. Vergleichsmessungen haben gezeigt, daß im Winterhalbjahr die SO_2-Belastung von

Halle-Neustadt nur 40—50% derjenigen von Halle beträgt [21]. Ein ähnlicher Effekt dürfte für Leipzig-Grünau zu erwarten sein. Die vergleichende Auswertung der Jahresgänge von Staubniederschlagsmessungen ergab, daß der Anteil des Sekundärstaubes am Gesamtstaubniederschlag 40% erreichen kann und signifikante Unterschiede in der Staubbelastung von begrünten und unbegrünten Freiflächen zu beobachten sind [22]. Aus diesen Untersuchungen leiten sich entsprechende Forderungen zur Zentralisierung der Wärmeversorgung bzw. Begrünung von Ödflächen ab.

Da eine Senkung der Belastung im industriellen Bereich nur durch eine schrittweise Sanierung von Einzelquellen im Rahmen der Pläne möglich ist und entscheidende Effekte im kommunalen Bereich nur durch Flächensanierungen mit Ausbau der Fernwärmeversorgung zu erwarten sind, ist der Schutz der Bevölkerung, insbesondere von Risikogruppen, vor z. Z. noch unvermeidbaren Immissionen vor allem bei Smogsituationen wesentlicher Bestandteil des vorbeugenden Gesundheitsschutzes in Ballungsgebieten.

Erster Schritt zur Realisierung dieser komplexen Aufgabenstellung war die Entwicklung eines On-line-real-time- Immissionsüberwachungs- und prognosesystems.

Zur Zeit werden in der Stadt Leipzig epidemiologische Untersuchungen zu akuten Wirkungen der Luftverunreinigung durchgeführt, deren Ergebnisse zur Festlegung bzw. Verifizierung hygienisch begründeter Konzentrationsschwellenwerte zur Charakterisierung von Gefahrenstufen bei außergewöhnlichen Immissionssituationen beitragen sollen [16]. Auf der Grundlage dieser Schwellenwerte sind schließlich abgestufte Maßnahmen (u. a. vorübergehende Reduzierung der Emissionen von Energieerzeugungsanlagen, gezielte Information von Risikogruppen in den Bereichen des Gesundheits- und Sozialwesens sowie der Volksbildung) bei derartigen Situationen vorzusehen.

Abschließend sei darauf hingewiesen, daß Luftverunreinigungen in erster Linie zwar direkt über den Atemtrakt, aber auch indirekt über die Nahrungskette in den menschlichen Organismus gelangen. Konzentrationsmessungen müssen deshalb durch Depositionsmessungen ergänzt werden. Dies gilt insbesondere für die Schwermetallbelastung. In diesem Zusammenhang ist festzustellen, daß sich mit zunehmender Entfernung von den Ballungsgebieten zwar die Schadstoffkonzentrationen in der Atmosphäre verringern, chemische Reaktionen und physikalische Prozesse jedoch, die zur Umwandlung und Deposition von Luftschadstoffen führen, auch außerhalb der Quellgebiete während des Stofftransportes in der Atmosphäre stattfinden [20], so daß die dadurch verursachte Belastung des Bodens und der Gewässer nicht nur ein Problem der Ballungsgebiete ist.

Literatur

[1] HERBARTH, O., H. BREDEL: Z. gesamte Hyg. **32** (1986), 14—16.
[2] BREDEL, H., O. HERBARTH: Z. gesamte Hyg. **28** (1982), 237—241.
[3] BREDEL, H., O. HERBARTH: Z. gesamte Hyg. **33** (1987), 370—372.
[4] HERBARTH, O., H. BREDEL: Z. gesamte Hyg. **33** (1987), 442—443.
[5] OPITZ, W., M. REHWAGEN, R. KOBER: Z. gesamte Hyg. **34** (1988), 583—584.
[6] STÄNDERT, P.: Untersuchungen zur Bestimmung der Schwebstaubkonzentration mit Hilfe einer Lasertransmissionsstrecke. Diplomarbeit, K.-M.-Univ. Leipzig 1988.
[7] BREDEL, H.: Die Anwendung der Gaschromatographie zur Bestimmung von Spurenstoffen in Luftproben. Schriftenreihe Technik und Umweltschutz Nr. 11, S. 148—174. VEB Deutscher Verl. f. Grundstoffindustrie, Leipzig 1975.
[8] MARQUARDT, D., P. LÜDERITZ, S. LEPPIN u. a.: Untersuchung der anthropogenen Kontamination der Atmosphäre durch Schwermetalle an ausgewählten Meßpunkten in der DDR. Forschungsbericht, H.-Univ. Berlin 1987.

[9] Herbarth, O., H. Bredel: Z. gesamte Hyg. **24** (1978), 101—103.
[10] Bredel, H., O. Herbarth: Z. gesamte Hyg. **25** (1979), 303—311.
[11] Bredel, H., O. Herbarth: Z. gesamte Hyg. **26** (1980), 517—522.
[12] Herbarth, O., H. Bredel: Z. gesamte Hyg. **29** (1983), 533—535.
[13] Herbarth, O., H. Bredel: Stand und Entwicklung der automatischen Immissionsüberwachung. Schriftenreihe Technik und Umweltschutz Nr. 40. VEB Deutscher Verl. f. Grundstoffindustrie, Leipzig 1989 (im Druck).
[14] Herbarth, O.: Z. gesamte Hyg. **28** (1982), 508—509.
[15] Bredel, H., O. Herbarth: Untersuchung und Überwachung der Luftverunreinigung in kommunalen Ballungsgebieten unter Berücksichtigung des Energieträgers Braunkohle — dargestellt an der Stadtregion Leipzig. Diss. Prom. B, K.-M.-Univ. Leipzig 1984.
[16] Bredel, H., O. Herbarth: Epidemiologische Untersuchungen zur akuten Wirkung der Luftverunreinigung. Schriftenreihe Gesundheit und Umwelt **3** (1989). Forschungsinstitut f. Hygiene u. Mikrobiologie Bad Elster (im Druck).
[17] Mehlig, J.G.: Vergleich von Meß- und Rechenwerten der SO_2-Immissionsbelastung für das Stadtzentrum von Leipzig. Forschungsbericht, Institut für Energetik Leipzig 1980.
[18] Bredel, H., M. Rehwagen, C. Stamm: Z. gesamte Hyg. **20** (1974), 472-479.
[19] Bredel, H., O. Herbarth: Z. gesamte Hyg. **24** (1978), 678—684.
[20] Ihle, P.: Die Berücksichtigung von Abbauprozessen bei der Bewertung von SO_2-Immissionen. Diss. Prom. A, K.-M.Univ. Leipzig 1989.
[21] Hammje, K., C. Schiller: Z. gesamte Hyg. **15** (1969), 811—814.
[22] Bredel, H.: Untersuchungen zur Staubbelastung der Stadt Leipzig — Ursachen und Schlußfolgerungen. Belegarbeit, TU Dresden 1980.
[23] Marquardt, W., P. Ihle: Berechnung der SO_2-Immissionsverteilung Stadtgebiet Leipzig. Arbeitsbericht, Institut für Energetik Leipzig 1983.

Dr. sc. nat. H. Bredel, Dr. sc. nat. O. Herbarth
Hygieneinspektion und -institut
Beethovenstraße 25
O-7010 Leipzig

BESTIMMUNG DES BIOLOGISCHEN ALTERS — EIN VERFAHREN ZUR ERFASSUNG VON UMWELTBEDINGTEN RISIKOFAKTOREN

Werner Ries

I.

Wer sich mit der ökologischen Literatur befaßt, wird sehr schnell feststellen, daß gezielte Analysen über Umwelteinflüsse auf den Menschen vergleichsweise selten sind. Zweifellos gehen die meisten Untersuchungen von der Sorge um die Auswirkungen von Umweltschäden auf den menschlichen Gesundheitszustand aus, beschränken sich aber in ihren Schlußfolgerungen mehr oder weniger auf hypothetische Überlegungen. Zugegebenermaßen ist es auch leichter, etwa die Zahl erkrankter Bäume zu erfassen als Art und Umfang der Einwirkung bestimmter Noxen auf ein so kompliziertes System wie den menschlichen Organismus.

In der medizinischen Forschung hat man sich in den letzten Jahrzehnten intensiv um die Erfassung von medizinischen Risikofaktoren für die Entstehung von Herz- und Kreislauferkrankungen bemüht. Dabei wurden durch großangelegte Longitudinaluntersuchungen u. a. die schädlichen Einflüsse von Fehlernährung und Genußmittelmißbrauch erkannt. Die Aufdeckung von sozialen Risikofaktoren gehört traditionsgemäß zu den Forschungsvorhaben der Sozialhygiene und der Arbeitsmedizin, etwa im Sinne der Bekämpfung von Berufskrankheiten. Eine speziell der Umweltproblematik geltende Forschungstätigkeit ist allerdings bisher kaum erkennbar. Eine gewisse Ausnahme bildete die Kernexplosion von Tschernobyl, die in den Fachorganen, insbesondere den onkologisch orientierten Zeitschriften, viele Überlegungen ausgelöst hat, um die es aber wieder ruhiger geworden ist.

Mit den folgenden Ausführungen soll auf ein methodisches Prinzip aufmerksam gemacht werden, mit dessen Hilfe die Erfassung von Umweltschäden auf den Menschen möglich erscheint — die Bestimmung des biologischen Alters. Die ersten Bemühungen dieser Art gehen auf William Hollingsworth zurück, der in den Jahren 1962/63 mit einem Team der Atomic Bomb Casuality Commission (ABCC) im Auftrag der japanischen Regierung Untersuchungen über den Gesundheitszustand überlebender Einwohner von Hiroshima und Nagasaki durchgeführt hat. Zum Einsatz kam ein Testbündel ausgewählter Methoden von physischen und psychischen Parametern. In den folgenden Jahren rückte — nicht zuletzt durch einen Appell der Weltgesundheitsorganisation (1963) — die Frage, wie man mit Hilfe solcher Verfahren das biologische Alter eines Menschen messen könne, immer mehr in den Blickpunkt gerontologischer Forschungsvorhaben. In der Gerontologischen Abteilung der Klinik für Innere Medizin der Karl-Marx- Universität wurden im Zuge dieser Entwicklung seit 1970 ebenfalls Testbatterien erarbeitet und für die Alternsforschung nutzbar gemacht. Zu der Motivation solcher Untersuchungen gehört u. a. die Frage, ob und inwieweit Umweltschäden des menschlichen Organismus ermittelt werden können. Über erste Ergebnisse ist hier zu berichten.

II.

Unter dem biologischen Alter versteht man den Allgemeinzustand eines Individuums zu einem bestimmten Zeitpunkt seines Lebens. Es umfaßt sowohl die körperlichen als auch die geistigen und seelischen Merkmale eines Lebewesens. Bei der Bestimmung des biologischen Alters sind nicht nur orthologische (normale), sondern auch pathologische (krankhafte) Befunde zu berücksichtigen. Es handelt sich somit um eine komplexe Größe, die sinngemäß der von Walter Beier (1985) angegebenen Zustandsvariablen entspricht, die er als Vitalität eines biologischen Systems bezeichnet hat. Dieser Begriff ist als ein Maß für das Vermögen des Organismus anzusehen, alle lebensnotwendigen biologischen Funktionen zu realisieren. In diesem Sinne wird für das biologische Alter in der anglo-amerikanischen Literatur z. T. auch der Begriff „Functional age" angewandt.

Wie schon angedeutet, ist für die Bestimmung des biologischen Alters der Einsatz von Testbatterien erforderlich. Bei der Auswahl der Methoden muß sich der Untersucher für solche Verfahren entscheiden, die für die Beurteilung der Vitalität aussagekräftig sind. Die einzelnen Testanteile müssen quantitativ erfaßbar und zumutbar sein. Die Registrierung der Befunde hat wertfrei zu erfolgen, d. h., ein als krankhaft erkannter Wert muß in die Bestimmung des biologischen Alters genauso eingehen wie ein gesunder, denn aus beiden resultiert der aktuelle biologische Funktionszustand.

Das in Leipzig z. Z. eingesetzte Verfahren enthält physische, psychische und soziale Merkmale.

Zu den physischen Parametern gehören Ruheblutdruck, Kreislaufbelastungskennziffern, Vitalkapazität, arterieller Sauerstoffpartialdruck, Dynamometrie, Gelenkbeweglichkeit, Seh- und Hörvermögen sowie Gebißzustand.

Die Psychometrie umfaßt folgende Merkmale: Konzentrationszeit-Test, viseomotorische Koordinationsprüfung, akustische und optische Reaktionszeit, Labyrinth-Lern-Test und Messung des psychomotorischen Grundtempos. Im Mittelpunkt der Psychometrie steht ein speziell entwickeltes Gerät, mit dessen Hilfe die genannten Verfahren im Komplex durchgeführt werden können. Der als Geromat bezeichnete Apparat hat sich in gerontologischen Funktionslaboratorien in Leipzig, Halberstadt und Berlin gut bewährt.

Ferner wurden in das Testprogramm soziale Indikatoren auf der Basis von Fragebogenanalysen aufgenommen.

Das ganze Testdesign repräsentiert 47 Indizes, die Untersuchung dauert im Schnitt etwa 90 Minuten. Aus den Einzelwerten läßt sich mit Hilfe mathematischer Formeln das biologische Alter berechnen. Dazu sei hier nur soviel gesagt, daß für die drei Teilbereiche (physisches, psychisches, soziales Alter) jeweils Indizes ermittelt werden, die in ihrer Summe einen „Biologischen Index" ergeben, aus dem sich das biologische Alter durch einen Regressionsansatz ableiten läßt. Methodische Einzelheiten und weiterführende Literaturhinweise finden sich an anderer Stelle [4].

III.

Um Bezugswerte für die Beurteilung von Untersuchungsergebnissen an bestimmten Personen oder Kollektiven zur Verfügung zu haben, bedarf es alters- und geschlechtsabhängiger Normalwerte. Zu diesem Zweck wurde eine definierte Referenzpopulation untersucht. Bei den Probanden handelte es sich um Einwohner der Stadt Leipzig, die eine an-

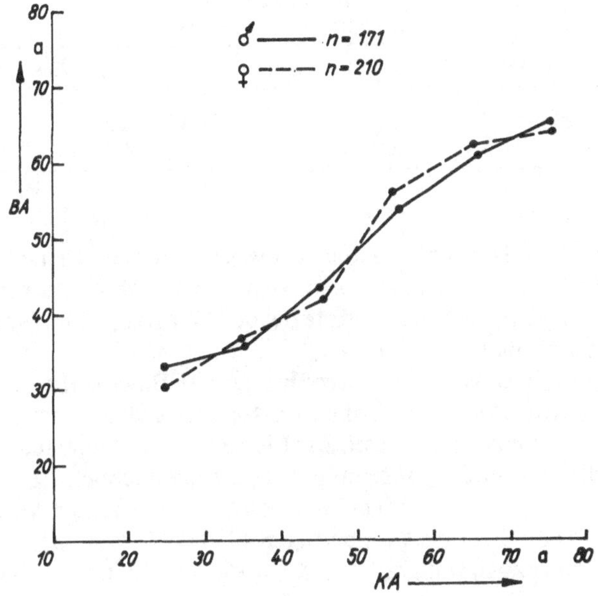

Abb. 1. Biologisches Alter einer Referenzpopulation

nähernd homogene Alters- und Geschlechtsverteilung aufwiesen. In bezug auf medizinische und soziale Risikofaktoren war die Studie randomisiert. Die ermittelten Durchschnittswerte (Abb. 1) zeigten eine zufriedenstellende Korrelation zum kalendarischen Alter und bestätigten die Brauchbarkeit der Testbatterie. Gravierende Sexualdifferenzen wurden nicht festgestellt.

In gezielten Untersuchungen interessierten wir uns für das biologische Alter von Werktätigen zweier Großbetriebe des Bezirkes Leipzig unter Berücksichtigung von Qualifikation, Tätigkeit und Arbeitsbedingungen. Die Studien wurden in Übereinstimmung mit den Betriebsleitungen durchgeführt.

Im ersten Betrieb (VEB ELGUWA Leipzig) wurden 105 Personen, davon 68 Männer und 37 Frauen, untersucht. Es erfolgte eine Aufgliederung der Probanden in die Kategorien Intelligenz, Angestellte und Arbeiter, im wesentlichen mit den Qualifikationsmerkmalen Hochschulabschluß (HSA), Fachschulabschluß (FSA) und Facharbeiter (FA) deckungsgleich. Die Durchschnittswerte für das jeweilige kalendarische (KA) und biologische Alter (BA) finden sich in den Tabellen 1 und 2.

Aus den Ergebnissen läßt sich eine Voralterung bei den untersuchten Arbeitern erkennen. In ergänzenden Berechnungen wurden Werktätige mit Normalschicht- und Zwei-

Tabelle 1.
Männliche Betriebsangehörige

	Fallzahl	KA (Jahre)	BA (Jahre)
HSA	21	43	42
FSA	21	44	44
FA	26	39	45

Tabelle 2
Weibliche Betriebsangehörige

	Fallzahl	KA (Jahre)	BA (Jahre)
FSA	29	43	40
FA	8	47	50

schichtsystem verglichen. Dabei wiesen die im Zweischichtsystem arbeitenden Personen bei einem durchschnittlichen kalendarischen Alter von 37 Jahren ein biologisches Alter von 46 Jahren auf. Die entsprechenden Werte bei den Werktätigen im Normalschichteinsatz lagen bei 42 und 48 Jahren.

Die Untersuchungen in einem zweiten Großbetrieb (VEB Petrolchemisches Kombinat, Kombinatsbereich „Otto Grotewohl" Böhlen) erstreckten sich auf männliche Arbeiter in einer Brikettfabrik sowie einer Schwelerei. Die Einzelwerte der untersuchten 43 Personen sind bezogen auf die Referenzpopulation in Abb. 2 eingezeichnet. Bei 33 Personen ließ sich eine mehr oder weniger ausgeprägte Voralterung erkennen. Die Mittelwerte für das kalendarische und das biologische Alter betrugen 40 und 45 Jahre. Bemerkenswerterweise betraf die Voralterung auch jüngere Werktätige, die sowohl in den physischen als auch den psychischen Testanteilen deutliche Abweichungen von den Normalwerten erkennen ließen.

Für die Beurteilung der vorgelegten Befunde sind grundsätzliche Hinweise erforderlich, um Mißverständnisse über die Bedeutung derartiger Studien zu vermeiden.

— Die Testbatterie kann und soll die Allgemeinuntersuchung eines Menschen nicht ersetzen. Diese bleibt eine Conditio sine qua non. Der biologische Index umfaßt nicht

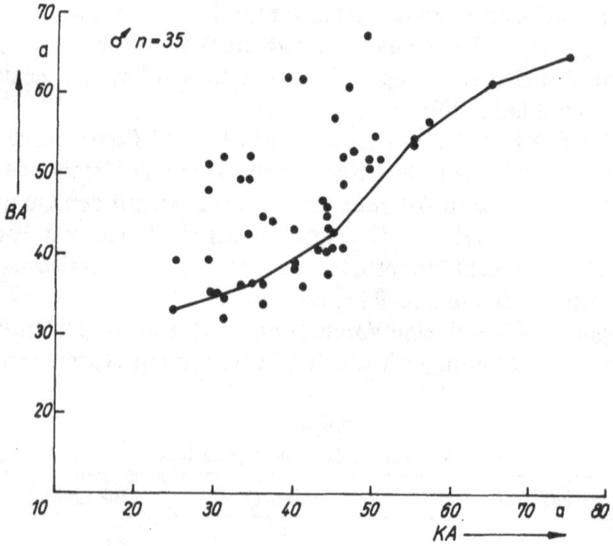

Abb. 2. Biologisches Alter von Werktätigen in Brikettfabrik und Schwelerei im Vergleich zur Referenzpopulation

alle Areale menschlicher Funktionen, auch wenn die Bündelung wichtiger Merkmale zutreffende Anhaltspunkte für das biologische Alter vermittelt. Er ist demzufolge als Teil einer ärztlichen Untersuchung zur Klärung bestimmter Fragestellungen anzusehen, nicht mehr, aber auch nicht weniger.

— Die Ergebnisse gestatten keine Rückschlüsse auf die Lebenserwartung des einzelnen, die z. B. durch nicht vorhersehbare Krankheiten jederzeit beeinflußt werden kann. Es ist allerdings möglich, eine biologische Voralterung durch die Erkennung und Beseitigung von medizinischen oder sozialen Risikofaktoren rückgängig zu machen. So ließ sich in früheren Untersuchungen eine Verbesserung des biologischen Alters bei Übergewichtigen nach einer Abmagerungskur nachweisen.

Zu den Untersuchungen in den beiden Großbetrieben ist zu sagen, daß sie nach Anlage und Aussagekraft als Pilotstudien zu betrachten sind.

So gestatten die Befunde über eine Voralterung bestimmter Personen oder Kollektive keine Rückschlüsse auf deren Ursache. Hierfür können sowohl anlagebedingte als auch expositionelle Faktoren verantwortlich sein. Insofern müssen die Unterschiede des biologischen Alters zwischen den untersuchten Berufsgruppen mit Zurückhaltung beurteilt werden, auch wenn sie den Erwartungen der Betriebsleitungen und -ärzte entsprochen haben. Die Frage, ob die Testbatterie pauschal für Personen unterschiedlicher Qualifikations- und Tätigkeitsmerkmale eingesetzt werden kann, ist dahingehend zu beantworten, daß keine ungewöhnlichen körperlichen und geistigen Leistungen verlangt werden. Würde man derartige Testbündel bestimmten Anforderungen anpassen und somit variieren, würde die Vergleichsmöglichkeit bei Kollektivuntersuchungen verlorengehen.

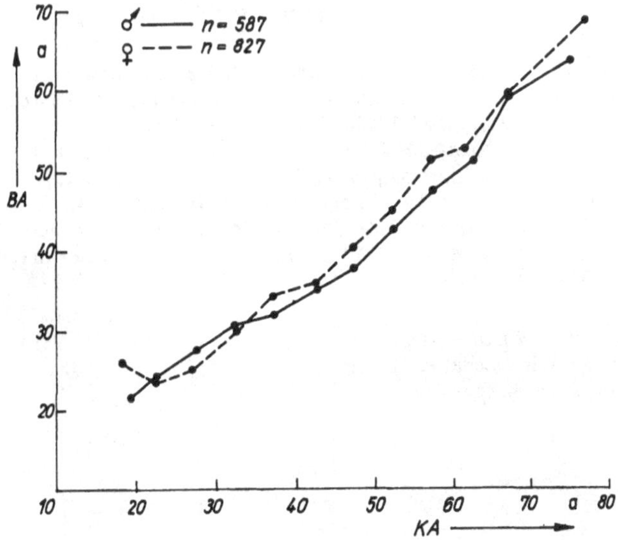

Abb. 3. Biologisches Alter von Besuchern einer Gartenbauausstellung (Kurzverfahren)

Nicht zuletzt mahnen die kleinen Fallzahlen der Studien zu einer vorsichtigen Beurteilung der Ergebnisse. Für Umweltstudien größeren Stils bedarf es sicher umfangreicher Reihenuntersuchungen. In dieser Hinsicht ist eine frühere Arbeit der rumänischen Gerontologen Ciu//a und Jucovski (1965) zu beachten, die in einer Kropfgegend der Karpaten eine deutliche Voralterung der in dieser Region lebenden Personen nachgewiesen haben.

Voraussetzung für solche Studien sind einsatzfähige Laboratorien. Die Fortschritte auf diesem Gebiet in anderen Ländern zeigen, daß der Ausbau entsprechender Verfahren z. T. beachtliche Erfolge erreicht hat, wie etwa das von Webster und Logie (1976) in Australien entwickelte mobile Laboratorium.

Sicher ist auch daran zu denken, für größere Untersuchungen kleinere Testbatterien einzusetzen. So wurde von unserer Arbeitsgruppe ein Kurzverfahren aus acht Einzelmethoden entwickelt und während einer Sonderausstellung des Deutschen Hygiene-Museums der DDR in Erfurt 1988 eingesetzt. Die an 587 Männern und 827 Frauen ermittelten Ergebnisse zeigt Abb. 3. Es wäre wünschenswert, wenn ähnliche Studien auch in anderen Bezirken durchgeführt werden könnten, um zu vergleichbaren Ergebnissen zu gelangen, z. B. im Hinblick auf regionale Umwelteinflüsse.

Zusammenfassung

Es wird über ein Verfahren berichtet, das unter Einbeziehung physischer, psychischer und sozialer Merkmale die Berechnung des biologischen Alters ermöglicht. An einigen Beispielen wird die Brauchbarkeit der Methodik für die Erfassung von expositionellen Einflüssen nachgewiesen. Die Weiterentwicklung derartiger Verfahren ist für die Erfassung von Umweltschäden auf den Menschen im weitesten Sinne aussichtsreich.

Literatur

[1] Beier, W.: Vitalitätskonzept und biologischer Index nach Ries. Z. Gerontol. **18** (1985), 353—357.

[2] Ciu//a, A., V. Jucovski: Eine neue Methode zur Schätzung des „biologischen Alters" durch Massenuntersuchungen. Münch. med. Wschr. **107** (1965), 1507—1513.

[3] Hollingsworth, J., A. Hashizume, S. Jablon: Correlations between tests of aging in Hiroshima subjects. An attempt to define „physiological age". Yale J. Biol. Med. **38** (1965), 11—26.

[4] Ries, W., I. Sauer: Studien über das biologische Alter. In: Beier, W., R. Laue, G. Leutert, W. Rotzsch, U. J. Schmidt (Hrsg.), 2. Aufl.: Prozesse des Alterns. Akademie-Verlag, Berlin 1989.

[5] Webster, J. W., A. R. Logie: A relationship between functional age and health status in female subjects. J. Gerontol. **31** (1976), 546—550.

OMR Prof. em. Dr. sc. med. Werner Ries
Sächsische Akademie der Wissenschaften zu Leipzig
Arbeitsgruppe „Biologisches Alter"
Johannisallee 32
O-7010 Leipzig

Heft 2 Prof. Dr. LOTHAR JENTSCH, **Zur Existenz von regulären Lösungen der Elastostatik stückweise homogener Körper mit neuen Kontaktbedingungen an den Trennflächen zwischen zwei homogenen Teilen**
1977. 45 Seiten – 4°

Heft 3 Prof. Dr.-Ing. Dr. h. c. mult. KURT SCHWABE und Dr. CHRISTIAN QUECK, **Freie Überführungsenthalpien von Einzelionen aus Wasser in organische Solventien. Eine kritische Übersicht**
1979. 104 Seiten – 38 Abbildungen – 47 Tabellen – 4°

Heft 4 Dr. KARL STREHMEL, **Näherungsmethoden zur Ermittlung von transsonischen Profilströmungen mit Verdichtungsstößen**
1978. 78 Seiten – 25 Abbildungen – 4°

Band 54

Heft 1 Prof. Dr. phil. ERNST NEEF, **Analyse und Prognose von Nebenwirkungen gesellschaftlicher Aktivitäten im Naturraum**
Mit Beiträgen von A. Bernhardt, K. D. Jäger und K. Mannsfeld
1979. 70 Seiten – 7 Abbildungen – 1 Falttafel – 2 Tabellen – 8°

Heft 2 Dr. GUNTER KABISCH, **Schwingungsspektroskopische und Kernresonanzuntersuchungen an Tetraalkylammoniumsalzlösungen**
1979. 71 Seiten – 29 Abbildungen – 11 Tabellen – 8°

Heft 3 Prof. Dr. DIETRICH UHLMANN, **Künstliche Ökosysteme**
1980. 34 Seiten – 17 Abbildungen – 2 Tabellen – 8°

Heft 4 Prof. Dr. HERMANN BERG, **Der Formenwandel einer DNA-Doppelhelix in Lösung, an der Elektrode und seine molekularbiologische Bedeutung**
1981. 45 Seiten – 40 Abbildungen – 3 Tabellen – 8°

Heft 5 Prof. Dr. MANFREED GERSCH, **Zur Evolution des Hormonsystems im Tierreich**
1982. 33 Seiten – 6 Abbildungen – 12 Tabellen – 8°

Band 55

Heft 1 Prof. Dr. HERBERT JORDAN, **Aug um Ohr: Goethes Zugang zur Musik**
1982. 39 Seiten – 4 Abbildungen – 8°

Heft 2 Prof. Dr. WILHELM OELSSNER, **Computertomographie,** Eine Übersicht
1983. 36 Seiten – 41 Abbildungen – 8°

Heft 3 Prof. Dr. KARL MANNSFELD, **Landschaftsanalyse und Ableitung von Naturraumpotentialen**
1983. 109 Seiten – 6 Abbildungen – 9 Karten – 22 Tabellen – 8°

Heft 4 Prof. Dr. DIETRICH UHLMANN, **Ökologische Probleme der Trinkwassergewinnung aus Talsperren**
1983. 24 Seiten – 15 Abbildungen – 8°

Heft 5 Prof. Dr. WOLFGANG BUCHHEIM, **Beiträge zur Komplementarität**
1983. 63 Seiten – 6 Abbildungen – 8°

Band 56

Heft 1 Dr. H.-G. EGERTER, Dr. G. PLÖTNER, Dr. J. DVOŘAK, Prof. Dr. med. HERBERT JORDAN, **Geochemische Beziehungen in vogtländisch-westböhmischen Mineralwässern**
1984. 60 Seiten – 12 Abbildungen – 11 Tabellen – 8°

Heft 2 Dr. Wolfgang Horlbeck, Prof. Dr. Dr. Hans-Heinz Emons, **Spektroskopische Methoden zur Charakterisierung geschmolzener Salze**
1985. 66 Seiten – 26 Abbildungen – 24 Tabellen – 8°

Heft 3 Dr. sc. nat. Kirsten Pollmer, Prof. Dr. Dr. Hans-Heinz Emons, **Ein Beitrag zur Koordinationschemie konzentrierter Elektrolytlösungen**
1986. 107 Seiten – 28 Abbildungen – 28 Tabellen – 8°

Heft 4 Prof. Dr. Klaus Dörter, Prof. Dr. h. c. Karl-Franz Busch, **Probleme der pedologisch-hydrologischen Regionalforschung und ihre Umsetzung in die Praxis**
1989. 191 Seiten – 32 Abbildungen – 15 Tabellen – 8°

Band 57

Heft 1 Prof. Dr. Herbert Jordan, **Radontherapie heute**
1989. 151 Seiten – 47 Abbildungen – 18 Tabellen – 8°

Heft 2 Prof. Dr. med. Werner Ries, Dr. rer. nat. Ilse Sauer, **Biologisches Alter – Problem und Bericht**

1991 · 84 Seiten — 34 Abbildungen — 7 Tabellen — 8°

Heft 3 Prof. Dr. Christian Hänsel (Hrsg.), Umweltgestaltung in der Bergbaulandschaft
Vorliegendes Heft

Bestellungen einzeln oder zur Fortsetzung durch eine Buchhandlung erbeten.

AKADEMIE VERLAG

ISBN 3-05-501291-7
ISSN 0365-6470

Kolibri 360 GmbH
Ferdinand-Jühlke-Straße 7
99095 Erfurt, Deutschland
produktsicherheit@kolibri360.de